献给致力于自主创新的学界人士。

学位服的历史

王小青　娄　雨　主　编
谭　越　郭二榕　邓微达　副主编

本书分工如下：

第一章　王小青（华中科技大学教育科学研究院）
第二章　王小青　奚安琪（华中科技大学教育科学研究院）
第三章　邓微达（厦门大学教师发展中心）
第四章　谭　越（清华大学教育研究院）
第五章　郭二榕（北京体育大学教育学院/体育师范学院）
第六章　娄　雨（中国人民大学教育学院）
第七章　娄　雨　王小青
附　录　王小青　奚安琪

北京大学出版社
PEKING UNIVERSITY PRESS

图书在版编目(CIP)数据

学位服的历史 / 王小青，娄雨主编. — 北京: 北京大学出版社，2023.6
ISBN 978-7-301-34388-3

Ⅰ. ①学… Ⅱ. ①王… ②娄… Ⅲ. ①学位 - 服饰 - 历史 - 研究 - 世界 Ⅳ. ① TS941.732

中国国家版本馆 CIP 数据核字（2023）第 167847 号

书　　名	学位服的历史 XUEWEIFU DE LISHI
著作责任者	王小青　娄　雨　主编
责任编辑	于　娜
标准书号	ISBN 978-7-301-34388-3
出版发行	北京大学出版社
地　　址	北京市海淀区成府路 205 号　100871
网　　址	http://www.pup.cn　　新浪微博: @ 北京大学出版社
微信公众号	通识书苑（微信号: sartspku）　科学元典（微信号: kexueyuandian）
电子邮箱	编辑部 jyzx@pup.cn　　总编室 zpup@pup.cn
电　　话	邮购部 010-62752015　发行部 010-62750672 编辑部 010-62767857
印 刷 者	北京中科印刷有限公司
经 销 者	新华书店
	650 毫米 ×980 毫米　16 开本　15.25 印张　181 千字 2023 年 6 月第 1 版　2023 年 6 月第 1 次印刷
定　　价	68.00 元

【基金资助】华中科技大学铸牢中华民族共同体意识研究基地开放课题“民族自尊与学位服研究”（2021ZLKF005）。

目　录

序　一

应院友王小青博士等人的邀请，作此序。

事情的由来是，杜祖贻[①] 先生早在 1999 年就提出学位服宜采国服的建议。2017 年，他来北大交流，又把这个想法向当时在我院学习的博士生王小青等人讲了一遍。言者有意，听者有心。王小青等人基于对杜先生倡议的认同，同时也为了实现杜先生的心愿，敢于担当，对学位服这个问题开展了专门的研究。现在呈现在大家面前的《学位服的历史》这本书，就是其研究的成果。该研究超出他们的专长范围，加上现有可参考的著述也不多，因此其研究是初步的，表现出学习者的痕迹。但是，这项工作的意义是明显的。

大学是一种文化建制。今天中国的大学从体系和结构上看，在很大程度上，都是从西方借鉴过来的，其原型是欧洲中世纪的产物，它由一系列文化制度要素构成，包括特许状、称谓、知识体系、讲座形式、考试、学位等，学位服也是其中之一。中世纪的大学被浓厚的宗教力量所包围，所以各种仪式中都包含着一定的宗教成分。前些年，我随团去博洛尼亚大学、罗马大学、巴黎

---

① 杜祖贻，历任香港中文大学教育学院院长、医学院医学教育讲座教授，美国密歇根大学教育学教授、系主任及研究科学家。

大学等国外大学学习考察，切身体会到了西方大学的历史悠久以及文化积淀。徜徉在古石路上，我不禁开始思索中国的大学。我们今天的中国大学可以追溯到清末，那时中国的学术体系出现了明显的变化，一方面是在西学东渐的过程中借鉴了西方大学制度，另外一方面是从祖宗那里继承了一些国学遗产。两者相比，借鉴得多，而继承得少。今天，我们重新重视传统文化和学术，在大学中又开始复兴传统国学的内容。中国学术历史悠久，从稷下学宫算起，至今已有两千多年的历史。

从个人经历角度看，我 1985 年本科毕业时，还没有毕业典礼的仪式，更没有学位服可穿。1987 年研究生毕业，也同样没有学位服。毕业典礼不知道是从哪一年开始的，从哪所学校开始的，可以考证一下。到 1998 年博士毕业时，我才第一次穿上学位服，在北大办公楼礼堂参加了毕业典礼。虽然学位服登陆中国已经有二十多年了，但是大多数人对于学位服却知之甚少，只视其为一种仪式。今天人们也常把“仪式感”三个字挂在嘴边。近些年，大学越来越重视毕业典礼。2020 年毕业季，北大克服重重困难，举办了一场特殊的“云上毕业典礼”。听北大校办一位负责毕业典礼的教师说，每年的毕业典礼，堪比一场大型演出，为了给毕业生上好“最后一堂课”，学校花费大量的人力、物力和财力。2022 年的毕业典礼在即，在校园里，已经看到成群结队的毕业生在拍毕业照了。从去年开始，我们学院给每一位毕业生赠送一套学位服，作为离校前的礼物，礼轻意重。

我们要不要改变学位服？对于这个问题，我回答不好，也回答不了。现在似乎还没有出现改变的苗头，必要性也没有显现出来。我的看法是，仪式要服从实质。今天大学的知识体系，是在借鉴西方知识体系基础上建立起来的，这个事实不容否认。那么，大学中有西式的仪式，包括学位服在内，也是自然的，这是由人类文明的共同性所决定的。在一些特别的专业，毕业典礼不排斥采用中华民族的传统服装。随着中国对于大学知识体系贡献的增加，中国元素可以逐渐增加。前几年，我去中山大学开会，正好赶上毕业季，看到校园里毕业生既穿西式学位服，也穿民国时期服装，从视觉上看，倒也很搭，中西合璧，“美美与共”。

不论学位服如何调整与改变，王小青等人的研究工作都不可谓为时过早，而且可以继续进行下去。

阎凤桥

2022年5月28日于北大燕园

序　二

作为西学东渐的产物，中国现代学位制度与学位服深受西方的影响。1994年5月，国务院学位委员会第十二次会议决定制定一套既有中国特色又符合世界惯例、统一规范的学位服，向学位授予单位推荐使用。各高校按照《国务院学位委员会办公室关于推荐使用学位服的通知》及其附件《学位服简样》和《学位服着装规范》制作出来的学位服，基本上是模仿欧美大学的学位服，以黑色为基调，很少体现“中国特色”。

西方的学位服始于12世纪开始的中世纪大学，那时多数大学生都是神职人员或准备从事神职的人员，因此穿黑色的学位服。我一向认为现在中国高校采用的学位服过于西化，尤其是照搬欧美，用黑色作为基本色，不符合中国的传统习惯和审美。因为黑色在中国向来被视为凶色，通常与死亡、丧葬等相关。即使欧美著名大学的学位服也不全然采用黑色，例如哥伦比亚大学学位服就用天蓝色。

其实，中国古代曾有自己的学位系统，也有自己的学位服。秀才、举人、进士是一种东方型的学位，进士服本来就是中国古代的学位冠服。中国的科举学位从层次分级、仅为任职资格而非实际官位，到代表一定的文化教育水平、具有不可剥夺的终身性等方面看，都与产生于欧洲中世纪的学位制度具有惊人的相似之处，所以16世纪以后来华的西方人多将秀才、举人、进士看作一种学位，普遍与学士、硕士、博士互译。曾长期担任京师同文馆总教习，后来曾一度担任京师大学堂总教习的美国人丁韪良，1877年在美国教育部发表的《中国教育》一文中指出：因为科名与产生于西方的文科学位的差异是如此之小，以至于换用其他名词来翻译肯定会引起概念混乱。[①]商务印书馆的创办者之一王云五曾在《“博士”考》一文中说：“余童年读广学会出版之美国李佳白及林乐知等著作，无不自署为美国进士，则以进士视为‘doctor’之当然译名也。”[②]在清朝末年，要使人明白西方的“doctor”一词，只能将其译为“进士”。

在科举时代，获得进士、举人等高级科名是很荣耀的经历，任何时候填写履历都可以加上此头衔。就像现代人喜欢将博士头衔展示出来一样，近代以前科第出身者也念念不忘自己的科名。甚至在科举废后，进士还是一个光荣的头衔，如蔡元培在1923年写的《自书简历》，即将“一八九二年中进士，为翰林院庶吉士”作为简历的首条。

清朝末年，中国曾一度采用过近代科举学位体系，其教育和考试内容包括近代西方人文社会科学和自然科学各个方面，当时授予学堂毕业生和归国留学生考试合格者的科名实际上等同于现代学位。1904年1月，清政府颁布《奏定学堂章程》，其中的《各学堂奖励章程》规定，大学堂毕业经考试成绩在中等以上者，奖给进士科名；高等学堂及其他程度相当的学堂毕业者，考列中

① W. A. P. Martin. Education in China[M] // Hanlin Papers, or Essays on the Intellectual Life of the Chinese. London: Trübner & Co., 1880: 103–104.

② 王学哲，王春申．王云五先生全集（十一）[M]. 台北：台湾商务印书馆，2012: 735.

等以上者，奖给举人科名；中学堂毕业考列中等以上者，奖给贡生头衔，等等。1905 年科举制废止，1905 年 7 月以后还举行回国留学生毕业考试，凡留学生考试合格者可获举人或进士科名。当时大学堂分为经学科（含理学）、政法科、文学科、医科、格致科、农科、工科、商科等八科，毕业生所获科名按专业分类还具体加上某科字样，因此有文科进士、法科进士、师范科举人、农科举人、工科举人、商科举人[①]等名称。为了表彰在学术上有突出贡献者，清末还实行类似于现代名誉博士学位的办法，免试授予科举学位给少量名士，如 1910 年 1 月，授予詹天佑等七人工科进士头衔，授予严复、辜鸿铭等人文科进士头衔。

1912 年中华民国建立，科名学位随之废止。1935 年颁布《学位授予法》时，受日本使用博士、学士等汉字作为英文 “doctor” “bachelor” 译名的影响，中国最终完全放弃了科举学位名称，采用学士、硕士、博士三级学位名称，并一直延用至今。

中国现行的学位服过于西化，对此有识之士早有看法。美国密歇根大学教育学教授、香港中文大学医学教育讲座教授杜祖贻先生在 1999 年 11 月就曾撰写《中国的大学礼服的设计须以国服为本》建议书，提出了很好的理由与建议，令人敬佩。当时北京大学学生及校方对于杜先生的倡议给予积极的回应，只是由于校领导的职务更替，这项倡议暂时搁浅。现在杜祖贻先生还在殷切期望这本《学位服的历史》尽快出版，推动学位服的中国化，维护民族尊严，提升民族自信。

有如西方学位有专门的授予仪式和专用的学位服，中国过去

① 陈学恂，田正平．中国近代教育史资料汇编 留学教育 [M]. 上海：上海教育出版社，1991：61−62.

进秀才、中举人、登进士之后穿戴的冠服也有特别的讲究，有专用衣冠。《明史·舆服三》载："状元冠二梁，绯罗圆领，白绢中单，锦绶"，还有其他饰物，而进士的衣冠为："进士巾如乌纱帽，顶微平，展角阔寸余，长五寸许，系以垂带，皂纱为之，深蓝罗袍，缘以青罗……廷试后颁于国子监，传胪日服之。上表谢恩后，谒先师行释菜礼毕，始易常服，其巾袍仍送国子监藏之。"①

此外，生员、监生的服装也有规定，明初还一度使用四方平定巾，此方巾是秀才的身份标志，类似于西方的学士学位帽。这顶方巾的来历，据明代祝允明《前闻记·制度》载："今士庶所戴方顶大巾，相传太祖皇帝召会杨维桢，维桢戴此以见，上问所戴何巾？维桢对曰：'四方平定巾。'上悦，遂令士庶依其制戴。"②明代进士、秀才冠服与西式学位服的样式、使用方式颇有一些相似之处，但都是以青绿色为主，都不是黑色。

我认为中国高校可以参考明代进士、举人、秀才衣冠的部分合理元素，参考西式学位服风格，设计出既具有鲜明中国特色，又有本校元素，且符合中国审美习惯的现代学位服。本书在详细论述国内外有关学位服研究的基础上，提出了"体现中华民族服饰文化的传统，国服为本，同时兼顾世界惯例"的原则，以及具体的学位袍服、垂布或领布、学位帽的设计构想，相信对学位服的中国化将起到重要的推动作用。若有一天真正实现学位服的中国化，则高校学子幸甚，中国文化幸甚。

刘海峰

2022年10月30日于浙大求是园

①（清）张廷玉，等.明史[M].北京：中华书局，1974：1641.

②（明）祝允明.祝允明集（下）[M].上海：上海古籍出版社，2016：904.

序　三

学位服是大学文化的组成部分。而大学是一种注重传统的机构。有人说，西方的大学几乎是唯一从中世纪延续至今的机构。在中世纪的大学中，学生、教授、校长的着装，多有一定之规。特别是各种大学的礼仪活动中，规则更是细致而繁复。当然，学位服作为文化的符号，有其等级尊卑的界限，是一种权威和地位的展示。但时代在变，大学在变，传统也在变。今天的学位服基本褪去了等级尊卑的色彩，更多是一种仪式，一种文化的符号。

中国在近代借鉴西方，建立了新式的大学。我们的新式大学在整体上是从西方移植而来，其中也包括一些制度和习俗，学位服就在其中。关于学位服，近来也可以听到一些不同的意见，认为中国的大学学子应该穿上具有中国特色的学位服，不必套用西方式的学位服。那么，如何看待学位服呢？我觉得，学位服不妨奉行百花齐放的原则，让大学自己去决定，中式也好，西式也罢，不宜做统一的规定。就算是采用中国的传统服装，也有很大的选择空间，有人可能喜欢汉代风格，有人则喜欢唐代或宋代风格，另外还有明清的选项，皆可考虑。

如果有大学沿用西式的学位服，也未尝不可。西式的大学都可以借鉴，西式大学中的一点小装饰当然也可以借鉴。我们现代中国人的服装总体来说都是源自西方，我们完全可以接受，西式的学位服也应该不是什么问题。

其实，在西方，各国关于学位服的观念也不相同。在20世纪中叶，德国等欧洲国家的大学取消了所有的传统仪式和学位服，当时德国大学生喊出了一个著名的口号，说“学袍之下，是千年之腐”（Unter den Talaren Muff von 1000 Jahren），传统的大学仪式和服装被一扫而光。至今许多大学都没有恢复学位授予典礼，更不用说学位服了。所以，对一所大学来说，学位服不是举足轻重的事情，不必过于认真。

王小青等几位青年学者对英国、日本的学位服进行了梳理，对中国古代学者的服装以及近代和当代大学学位服进行了历史的考察，完成了这部《学位服的历史》，为我们了解和思考学位服提供了很好的基础和资料，同时也开启了一个值得进一步研究的方向，是一次有益的探索，值得推荐。

陈洪捷

2023年1月11日于北大燕园

第一章 导 论

一、研究背景

大学是中世纪的产物，犹如中世纪的大教堂和议会。[①] 大学与其教研活动直接产生的影响，构成中世纪智识范畴内最伟大之成就。[②] 大学在西欧生产力发展、社会政治格局变化、经院哲学发展以及东方文化影响的历史背景下产生。[③] 到了 12、13 世纪，世界上才出现有组织性教育，典型特征要素为：系科、学院、学习课程、考试、毕业典礼和学位。[④]

现代意义上的“university”一词来源于拉丁语的“universitas”（公会或法团），根据拉斯达尔（H. Rashdall）的考证，在大学的最初阶段，并无绝对的称谓，“学者大学”（university of scholars）、“教师与学者大学”（university of masters and scholars）以及“研究的大学”（university of study）都是当时常见的用语，

①〔美〕查尔斯·霍墨·哈斯金斯．大学的兴起 [M]. 王建妮，译．上海：上海世纪出版集团，2007: 1.

②〔英〕海斯汀·拉斯达尔．中世纪的欧洲大学 —— 大学的起源 [M]. 崔延强，邓磊，译．重庆：重庆大学出版社，2011: 2.

③ 黄福涛．外国高等教育史 [M]. 北京：北京大学出版社，2021：35–36.

④〔美〕查尔斯·霍墨·哈斯金斯．大学的兴起 [M]. 王建妮，译．上海：上海世纪出版集团，2007: 1–2.

只是由于偶然因素，大学之称才逐渐专指某种特定形式的行会或联盟。[①]他强调，在中世纪，“公会”是学者团体（无论教师团体还是学生团体）的独特称谓，而非指代此类团体所在的具体地点，甚至即使师生双方联合成立的院校亦不能称为“大学”。[②]

拉斯达尔认为，实际上，真正能与英语世界中的“大学”这个模糊的概念相对应的，区别于一般意义上的学校、神学研究班及私立教育机构的拉丁语概念，应当是“高等学科研习所”[③]（studium generale[④]），而不是“公会”。“高等学科研习所”的称谓始盛行于13世纪初期，它至少体现出三种特征：（1）致力于吸引，或者至少邀请世界各地，而不是某国某地区的学子前来研究学习；（2）提供高层次的学科教育，也就是说，至少提供神学、法学、医学三大高等学科之一的教育；（3）拥有相当多位不同学科（至少两个以上）的教师进行教学和研究。[⑤]

---

①〔英〕海斯汀·拉斯达尔. 中世纪的欧洲大学——大学的起源[M]. 崔延强，邓磊，译. 重庆：重庆大学出版社，2011: 4.

② 同上书，第4页。

③ 拉斯达尔提醒我们：“中世纪几乎没有任何研习所能够包含所有的学科，即使全盛时期的巴黎，也缺少民事法学，而整个13世纪神学学位的授予实际上几乎成为巴黎大学与英国大学的特权。”详见：〔英〕海斯汀·拉斯达尔. 中世纪的欧洲大学——大学的起源[M]. 崔延强，邓磊，译. 重庆：重庆大学出版社，2011: 4-5.

④ 张斌贤等在希尔德·德·里德－西蒙斯主编的《欧洲大学史：第一卷 中世纪大学》中将其译为“大学馆”，瓦尔特·吕埃格在该书的第二章“模式”中是这样介绍的：“大学馆是由一个具有普遍权威的当局如教皇、皇帝（较少）建立或至少在法律上确立的高等教育机构，其成员具有某些权利，这些权利在运用上同样具有普遍性，超越所有区域性的界限（例如，城镇、教区、公国、封邑和国家……）。”

⑤〔英〕海斯汀·拉斯达尔. 中世纪的欧洲大学——大学的起源[M]. 崔延强，邓磊，译. 重庆：重庆大学出版社，2011: 5.

自从创建新的学科研习所成为教皇或君主的特权以来，“普遍有效的教师资格认证”逐渐成为所有学科研习所的本体功能。真正构成大学内核的组织是学者行会或者公会，这些行会由教师或学生组成，它们在中世纪初期的涌现属于自发行为，并未得到国王、教皇、王储或高阶教师的直接授权，但在遍布欧洲的学者行会中，只有博洛尼亚大学和巴黎大学迅速发展并很快获得重要地位。拉斯达尔进一步认为，中世纪出现的教师公会或学者行会，在实质上是学科研习所不可分割的伴生物，在所有的公会身上刻上了原型大学的烙印。因此，至中世纪后半段，学科研习所已不仅是一般意义上的授予普遍有效教师资格之学校，而且更是一种特殊的、或多或少都被赋予某些统一特权之学者组织；至15世纪，“公会”与“学科研习所”从区分走向融合，前者逐渐变成后者的同义词，“university”才真正可以指代现代意义上的大学。①

巴黎大学和博洛尼亚大学是中世纪两所分枝散叶的母型大学，可以称为“现代大学的始祖”，前者是教师大学的模板，后者是学生大学的鼻祖。②不同划分标准意味着中世纪大学的起源有不同的答案：一是以独立的学术团体或独立法人作为标准，博洛尼亚大学可能是欧洲最早出现的高等教育机构；二是把不同学科的教师和学生结成的自治团体作为大学的起源，那么巴黎大学可能是欧洲最古老的大学；三是大学的起源应以学术团体获得教学证书（或称为“特许状”）为标准。黄福涛等认为出现于1208年

①〔英〕海斯汀·拉斯达尔．中世纪的欧洲大学——大学的起源[M]．崔延强，邓磊，译．重庆：重庆大学出版社，2011: 7-10.

② 同上书，第10页。

的巴黎大学是正解，并且还认为巴黎大学很大程度上是整个北欧和部分中欧中世纪大学的原型。[①]大学可以分为自然形成型、国家/教会创立型和繁殖/衍生型。其中，巴黎大学和博洛尼亚大学是自然形成型的典型代表；国家/教会创立型的典型代表有那不勒斯大学、萨勒诺大学、图卢兹大学、罗马教廷大学，前两者属于国家创立型，后两者属于教会创立型；繁殖/衍生型的代表是牛津大学和剑桥大学，牛津大学来自巴黎大学，剑桥大学又来自牛津大学。[②]14世纪以前，意大利的博洛尼亚大学对欧洲大学（主要是地中海沿岸的欧洲南部，特别是意大利和西班牙）的办学影响较大，主要开设法律课程；从14世纪末开始，德国[③]、奥地利等中欧国家和地区以巴黎大学模式作为参考，重视神学教育。[④]

众所周知，最早形式的“学位”是指执教许可证（*licentia docendi*）。[⑤]中世纪的大学学位，是由主教和其他高级神职人员授予的，仪式一般在教堂或露天进行。比如，巴黎大学作为巴黎圣

---

① 黄福涛. 外国高等教育史 [M]. 北京：北京大学出版社，2021：38–39.

② 同上书，第40–41页。

③ 哈斯金斯在《大学的兴起》第17–18页如此形象地描述道：“德国的大学，没有一所早于14世纪，也承认效仿巴黎大学。如帝选侯（Elector Palatine）鲁普雷希特（Ruprecht）1386年创建海德堡大学时规定，它‘将依据巴黎大学已经约定俗成的方式进行统治、布置和管理，作为巴黎大学的侍女——我们替代它名副其实——它将尽可能在各个方面效仿巴黎大学的样子，所以它也将拥有四个系科’，四个同乡会，一名校长，学生及其仆从享有豁免权，甚至这几个系科的方形帽和长袍也‘是巴黎大学一直遵循的方式’。”

④ 黄福涛. 外国高等教育史 [M]. 北京：北京大学出版社，2021：42.

⑤〔英〕海斯汀·拉斯达尔. 中世纪的欧洲大学——大学的起源 [M]. 崔延强，邓磊，译. 重庆：重庆大学出版社，2011: 143.

母院主教座堂学校的直接衍生物，主教座堂主事是唯一有权在主教区颁发执教许可证的人，借此也控制了巴黎大学的学位[①]授予权。[②]理所当然，其学位服（academic dress）会带有浓重的宗教印记。获得教学凭证需要仪式，仪式必然有载体，学位服就是关键的外在表现。在拉斯达尔的《中世纪的欧洲大学——大学的起源》一书中就有记载。

对于英格兰的大学而言，虽然它们在许多事情上都极为保守，但令人遗憾的是所有关于中世纪授位典礼的记忆最终还是消逝弥散了，唯一留下的，只有教师资格授予的初步仪式。中世纪大学整套的古老仪式现今只留下一些碎片零星分布在欧洲的各个角落。在苏格兰大学中，博士毕业后仍会被授予象征学位的四角帽，而博洛尼亚大学的荣誉博士则依然保留着代表身份的戒指。西班牙半岛大概是保留中世纪典礼仪式最完整的地方，而葡萄牙科英布拉大学法学院与医学院的博士学位据说至今保留着中世纪授位盛典的全套仪式——书本与戒指、主教座堂、四角帽与赐

① 瓦尔特·吕埃格在希尔德·德·里德－西蒙斯主编的《欧洲大学史：第一卷 中世纪大学》的第一章“主题”中介绍道：“在 15 世纪，对于贵族和大资产阶级的子孙来说，进入大学不过是在完成主流的骑士教育之后的扩充而已。然而，对于比例很大的其他学生（更多来自中产阶级），昂贵的费用使他们不能完成学业，也无法获得学位。在这个世纪，学位被当作一种学术证明，在某种程度上，它是竞争教会和世俗职位的重要砝码。在增补重要的牧师和官员时，也会考虑学位的级别。这样，从没有学位到产生学位，大学教育成为从事拯救灵魂、法律实践、政府管理、医疗和教育等各种职业的精英们的显著标志。”

②〔美〕查尔斯·霍墨·哈斯金斯．大学的兴起 [M]. 王建妮，译．上海：上海世纪出版集团，2007: 13.

福之吻。[①]

这里的“四角帽”（biretta）象征学位，也是我们现在学位服的重要组成部分。大学学位服作为舶来品，难免也会把西方学位服带有的知识性和宗教性引进来，从而体现在我国学位服的设计中。我们所倡导的学位服本土化，就是如何在充分保留学位服的知识性的同时，进一步去除西方宗教元素，凸显中华文化。

当前1994年版本的中国学位服（下文简称“1994版学位服”）源自官方文件《国务院学位委员会办公室关于推荐使用学位服的通知》，主要是根据世界惯例和中国传统文化特色设计的。其中的中国特色包括：（1）纽扣和袖口图案上，学位袍的前胸纽扣，采用中国传统服装的“如意扣”，既有民族特点，又将实用功能和装饰作用巧妙地结合起来。在学位袍的袖口处，环绕绣出（或印出）长城的城墙线，表现中国特色的同时，又使宽大的袍袖富于变化感。（2）垂布的面料图案采用中国传统的牡丹花，象征富贵和吉祥。（3）流苏造型酷似中国的灯笼穗。[②]然而，时过境迁，“1994版学位服”已经使用了近30年，其本土化程度恐怕早已远远不够了。

学位服的本土化程度关系到民族自尊，而民族自尊的实现可以生发自内而外的文化自信。中共中央总书记、国家主席习近平曾指出：

---

①〔英〕海斯汀·拉斯达尔．中世纪的欧洲大学——大学的起源[M]．崔延强，邓磊，译．重庆：重庆大学出版社，2011: 159.

② 马久成，李军．中外学位服研究[M]．北京：中国人民大学出版社，2003: 43–45.

中华文化之所以如此精彩纷呈、博大精深，就在于它兼收并蓄的包容特性。展开历史长卷，从赵武灵王胡服骑射，到北魏孝文帝汉化改革；从"洛阳家家学胡乐"到"万里羌人尽汉歌"；从边疆民族习用"上衣下裳""雅歌儒服"，到中原盛行"上衣下裤"、胡衣胡帽，以及今天随处可见的舞狮、胡琴、旗袍等，展现了各民族文化的互鉴融通。各族文化交相辉映，中华文化历久弥新，这是今天我们强大文化自信的根源。①

可见，服饰的发展与文化自尊和文化自信紧密相连。

"一代之兴，必有一代冠服之制"②。杜祖贻先生曾在1999年11月2日③撰写建议书《中国的大学礼服的设计须以国服为本》。

1. 世界上最早的考试及学位制度建立于中国，时为隋唐之际，距今已一千三百余年。

2. 中国的学术仪节和服饰源远流长，其形式和设计可以稽考。存世的实物都是典雅美观的。例如唐代官服的金印紫绶及银印青绶，宋代文人所穿的学士袍（如苏轼、姜夔所用），以及清代的朝服及附于其上以观示文武职级的辅服等。（请参考沈从文著《中国古代服饰研究》④、黄能馥等著《中华历代服饰艺术》等书）

① 习近平：在全国民族团结进步表彰大会上的讲话 [EB/OL].（2019-09-27）[2022-06-06]. http://www.xinhuanet.com/politics/leaders/2019-09/27/c_1125049000.htm.

②（清）叶梦珠 . 阅世编 [M]. 上海：上海古籍出版社，1981: 173.

③ 杜祖贻先生于1999年11月2日完成初稿，于2001年7月9日完成二稿，并于2002年2月13日完成三稿。

④《建议书》原文中第二条提到的《中国服饰五千年》，经核实为记忆有误，应为《中国古代服饰研究》。—— 王小青注

3. 国内大学新兴的学位袍服，基本上是模仿英美学府的式样，亦即中古欧洲罗马天主教会教士所穿的袍服。这种服饰，实际上与中国的文化及教育毫无关联（请参考《大英百科全书》有关西方学位袍服的图文）。

4. 现时国内大学流行的袍服设计，是在不明不白、不知来历的情况下抄袭西方宗教界及学界袍服的仿制品，因此不合其原本规格，以致长短不一，奇形怪状；不但有东施效颦之嫌，而且给人一种无端依附西方宗教传统的印象。

5. 谨建议设立研究小组，邀约历史、教育、艺术及服装界的资深人士，共同就中国大学礼服的文教作用及有关问题，作全面的考察与检讨，从而确立现代中国学位袍服设计的准则，借以保持我国文化的尊严与彰见本国的教育特色。下列各点可作为设计上的参考。

帽　可用帽带的颜色代表不同的学科，中国传统的礼帽有两条帽带。近年以颜色代表学科已渐成国际标准，而并无宗教含义。我国的大学可以考虑采用：如纯白为文科，纯黄为理科，深蓝为哲学，浅蓝为教育，深黄为自然科学，橙黄为工程，赭石为建筑，深绿为医学，浅绿为药剂，深紫为法律等。

袍　可用袍身的设计及颜色代表学位的等级，如紫色为博士，红色为硕士，黑色为学士等。（注：中国传统礼服紫色较红色品级为高。）

绶　可用绶带的设计及其颜色组合代表不同的大学。

当时的北京大学学生对于杜先生的倡议给予了积极的回应，2007 年毕业晚会推出系列的汉服（见图 1–1），据悉校长承诺会考虑学位服沿用汉服的风格。

北大擬採漢式畢業袍

【明報專訊】北京大學日前在畢業生晚會上展示18款全部由學生設計的「中華學位服」（漢服）。據悉，有關漢服將由學生通過手機短訊投票，選出的最佳設計將上報校方。北大校長許智宏說，校方考慮將中選設計定爲北大的「學位服」。

學生設計 學生投票

據新浪網的調查顯示，4900多份網上投票中，有68%表示支持用漢服作爲學位服，但「不接受」的也有28%。而北京《青年參考》則報道，這18款漢服已在北大百年講堂大門口展示了好幾天，有學生認爲服裝設計很「炫」，讚不絕口，但也有人認爲學位服本來就是西方引入的東西，何必要「中化」得不倫不類。

對於校方會否採用這些設計作爲畢業生的學位服？校長許智宏表示「會考慮」。

目前，國務院學位委員會只是推薦各院校使用統一學位服，對於其[illegible]樣式並無強制規定。

北京大學本月3日舉行的畢業生晚會上，參加「中華學位服設計大賽」決賽的作品亮相。（資料圖片）

图 1–1　媒体报道“北大拟采汉式毕业袍”

遗憾的是，由于校领导的职务更替，这项倡议暂时搁浅。时隔十年，2017 年 12 月 9 日，杜先生访问北京大学教育学院，作了题为“治学经历与体会”的讲座。活动结束后，当时还是博士生的王小青、张慧睿和张颀作为学生代表参加招待杜先生的晚宴。晚宴上，杜先生再度提起十八年前有关中国大学学位服的倡议，希望学生代表能够接力过去的北大学生的“义举”并继续给予回应。后来，考虑到此项提议关系到民族尊严的维护和文化自信的提高，王小青与时任班长寇焜照展开专门研讨，也尝试寻找可能的带队老师，然而未果。其后的过程异常曲折，杜先生来邮件给予鼓励“即使只有两个人，也要把研究坚持下去”①。最终，项目负责人陆续联系到以北大校友和在校生为主体的 6 名青年学者，正式组队启动本课题的研究，并于 2020 年 9 月 1 日将 5 篇学术论文提交给杜先生。

① 在相当长一段时间，团队只有笔者和博士生谭越（当时还是北京大学教育学院的硕士生）两个人。笔者给杜先生去信告知研究团队人员招募不是很顺利。

研究期间，杜祖贻先生和笔者围绕“学位服”通邮件超过60封，杜先生分享了香港中文大学麦继强[①]教授的手书《学位服国有化刍议》、一些国家学位服的图片和参考书目，还介绍密歇根大学华裔物理学家姚若鹏教授、密歇根州立大学陈瑞华教授与我们认识，给我们的研究提供详细的指导。

杜先生大半辈子在美国从事教学工作和学术研究，频繁往来于中国内地和香港，与北京师范大学的顾明远先生和已故的北京大学汪永铨先生等教育家来往甚密。杜先生在与我们交流的时候，说得最多的一句话是：“日本、蒙古那么小的国家，都有自己专属的学位服，而我们中国不管是地理上还是文化上都是大国，大学学位服却是照搬西方为主，本土化做得非常不够，这与我们的大国身份严重不匹配。”这一论断包含很多有待研究的问题。比如，作为舶来品的学位服在西方的源头是怎样的？学位服在起源国是如何发展的？又是如何传播到其他主流的西方国家和东方国家（包括中国、日本等），后来是如何发展的？中国的古代服饰和现在的学位服有何关联？中国现在的学位服到底哪些成分是来自西方，哪些具有本土特色？学位服将来改革的方向是怎样的？这些都是本书将尝试一一回答的问题。

二、研究现状

作为庆典服饰之一的学位服亦称为“大学礼服”（university costume），包括长袍（gown）、连颈帽或垂布（hood）和学位帽

① 香港中文大学生物系退休教授，其外曾祖父是中国社会改革的先驱、百日维新运动领袖康有为先生。

（mortarboard）。[①]

需要指出的是，西式传统服装结构复杂，许多部件在中文里没有对应名称，且经过长期演变之后，西文名词也常有模糊和不统一。本书就部分所用概念暂作操作性定义：（1）服装上既可佩戴，也可垂于背后的帽式，总称为“兜帽”。如其缝制于上衣颈部，与上衣相连，也可称为“连颈帽”；如为一单独部件，或不需强调其是否与上衣连接，则可统称为“兜帽”。（2）袍服的领部配饰总称为“领布”，包括兜帽式、披肩式及其他式样。讨论具体样式时使用特指，不需区分具体样式或进行总体讨论时则以“领布”总称。“垂布”则特指我国1994版学位服领部配饰（此概念甚少见于其他文献）。（3）英文“cape”（拉丁文“cappa”）既可指短披肩也可指长披风，在本书中，如指只覆盖肩部和胸部的较短部件，称为“披肩”，如其长度如同上衣或更长，则称为“披风”，以示区别。

（一）国际学位服的研究

国外的学位服研究大致可以根据不同的研究单位进行分类，主要分为：以国家或国家某区域为单位的学位服研究，以大学为单位的学位服研究，以通史或断代史为单位的学位服研究，以及

---

① 关于学位服的构成有不同版本说法。如，1994年发布的《国务院学位委员会办公室关于推荐使用学位服的通知》中指出：“学位服由学位帽、流苏、学位袍和垂布等四部分组成。”又如，马玖成1992年在《庆典服饰研究——学位服》中提出：学位服包括长袍、垂布和礼帽。而马久成和李军2003年在《中外学位服研究》中讨论“世俗服装对学位服的影响”时，将“垂布”的英文单词“hood”也翻译为“连颈帽”。综上，我们将学位服的主要构成确定为长袍、连颈帽或垂布和学位帽。由于上文提到的“流苏”属于方帽的配饰，并不具有普遍性，为了方便本书介绍多个国家的学位服，并未将其纳入其中。

综合性的学位服研究。

1. 以国家或国家某区域为单位的学位服研究

一些研究以国家或国家某区域为单位研究学位服的演变，以美国、新西兰和英国的伦敦地区为例。艾玛古斯特（Armagost）专门研究了美国大学学位服100余年标准化的过程。[①]他发现，美国大学学位服主要受牛津大学和剑桥大学的影响，尤其是牛津大学的影响较大。如美国大学学位服长袍的设计，以牛津大学的文科学士的长袍为基础，衍生出了两种款式：传统的敞开款式和更简单的封闭款式。封闭款式的礼服以其实用性和独特性著称。连颈帽起初使用的是牛津简版，唯一的区别在于不同学位所用的长度。帽子和牛津大学的学位方帽一致，博士学位帽的材质为天鹅绒，流苏为金色。不过，美国大学学位服也有其独特之处，如袍服袖子上的三个横条。美国大学用以区别院系的是连颈帽镶边颜色，而英国的剑桥大学则采用连颈帽里衬颜色。考克斯（Cox）针对新西兰学位服的研究发现，该国学位服尽管主要继承的是剑桥大学风格，但却有所区别，如：（1）博士学位服实际模仿的是剑桥的硕士学位服；（2）大多数情况下只是使用剑桥大学模式的多彩饰面（facings）。[②]戈夫（Goff）回顾了伦敦地区大学学位服的发展，较为透彻地研究了学位服的起源、基本构成及其演变。戈夫认为，学位服的形成受日常服饰和宗教服饰等因素影响。[③]学位

---

① R. Armagost. University Uniforms: The Standardization of Academic Dress in the United States[J]. Transactions of the Burgon Society, 2009(9): 138−155.

② N. Cox. Academical Dress in New Zealand[J]. Transactions of the Burgon Society, 2001(1): 15−43.

③ P. Goff. University of London Academic Dress[M]. London: The University of London Press, 1999: 5.

服主要由长袍、连颈帽和帽子构成。（1）长袍。大学礼服袖子的形状表明了它所代表的学位，学士穿着带有长而尖的翅膀状袖子的长袍，硕士穿着带有长且封闭袖子的长袍，博士更偏向于穿着整套猩红色长袍。（2）连颈帽。连颈帽根据是否保存部分斗篷分为完整形状（full shape）和简单形状（simple shape）。（3）帽子。主要有圆形帽状和方形帽状两种演变方向，具体情形第二章第一节将会详细介绍。

2. 以大学为单位的学位服研究

一些研究专门以大学为单位，考察学位服的演变和发展，多以剑桥大学、牛津大学和多伦多大学为例。格罗夫斯（Groves）关注从 18 世纪末至今剑桥大学的学位服发展。①1800 年至 1934 年期间，长袍非常稳定，主要区别在于博士连颈帽的衬里的丝绸颜色及分给法学学士、医学学士和音乐学士的连颈帽。这个时期逐步奠定了“一个学位，一套袍服”的原则。1932—1934 年的改革方案生效后，剑桥大学由原先的“连颈帽的等级系统”过渡到完全基于院系颜色的制度。1934 年后，随着新学位的增加，逐渐打破了“一个学位，一套袍服”的原则。另外，原先剑桥大学学位服的颜色仅限于黑色、白色和红色系，现在可以通过硕士连颈帽显示所有谱系颜色。诺斯（North）研究了牛津大学 1920—2012 年的学位服的发展，提及了牛津大学的两次学位服改革。②第一次学位服改革发生在“二战”后期及“二战”结束后十年，改革的

---

① N. Groves. The Academic Robes of Graduates of the University of Cambridge from the End of the Eighteenth Century to the Present Day[J]. Transactions of the Burgon Society, 2013(13): 74.

② A. J. P. North. The Development of the Academic Dress of the University of Oxford 1920–2012[J]. Transactions of the Burgon Society, 2013(13): 101−141.

目的是使学位服“更加符合历史传统”，主要内容是连颈帽的形状、颜色和材质，但该改革方案被一再搁置直至被最终放弃。不过，这次改革也预示了一个方向：不管一个新学位在大学中地位如何，都将有属于自己的连颈帽。第二次改革发生在1992年，此次改革由制袍师（robemakers）提出。在这次决议中，新学位并未成功获取自身的礼服，但也带来一定改变，取消了艺术学士和教育学士连颈帽的皮草的使用。索尔兹伯里（Salisbury）关注加拿大的多伦多大学学位服的发展，他研究发现，加拿大高校沿用的是牛津大学和剑桥大学的学位服体系，但也会有各自独特的风格。①

3. 以通史或断代史为单位的学位服研究

科尔（Kerr）回顾了学位服初期至今，学位服的各个构成部分（内袍、外衣、连颈帽和披肩）的演化历史。②对于学位服的构成，不同研究者有不同的分类，如前文所述，戈夫认为学位服由长袍、连颈帽和帽子构成，而科尔分得更细，他分为内袍、外衣（或外袍）、连领帽和披肩。与上述以国别、区域或大学为单位的研究相比，科尔的研究对一些细节处理得更为细腻，如据他所述，学术人员穿着衬裤，短袍里面是无袖衬衫，当然，衬裤和衬衫是看不见的。

到了16世纪初期，学位服的外衣进一步开放，到16世纪中

① M. C. Salisbury. ‘By Our Gowns Were We Known’: The Development of Academic Dress at the University of Toronto[J]. Transactions of the Burgon Society, 2007(7): 11–38.

② A. Kerr. Layer upon Layer: The Evolution of Cassock, Gown, Habit and Hood as Academic Dress[J]. Transactions of the Burgon Society, 2005(5): 47–56.

叶，里层的凯瑟克袍（cassock）衣服可以看到，原先看不到的衬衫进入了视野，现在还带着领子和配饰，如都铎时期的飞边（ruff）、镶边。

现在的一些大学对正式场合着装有详细规定，如牛津大学的暗色着装。据科尔介绍，“披肩”（tippet）一词（tippet 和 cape 意思一样），在旧的法规和记录中，以及在现代作者笔下的用法是：（1）现在用哈格里夫斯－马德斯利（Hargreaves-Mawdsley）的话来说，就是“小金字塔形的披巾”，用纽扣固定在一件现代牛津普罗克特（proctor，译为“学监”）长袍的过肩部位左下角的一块布上；（2）说教用的披肩；（3）帽上的长尾（liripipe）；（4）整个连颈帽；（5）连颈帽的披肩（the cape of the hood）。从许多早期文献来看，牛津系学者似乎最常指的是前两个，剑桥系学者认为是最后一个。

哈格里夫斯－马德斯利回顾了 18 世纪末之前的欧洲学位服的发展。[①] 尽管他对几乎所有西欧学术机构的学位服进行了回顾，但他将书的核心放在了牛津大学和剑桥大学，也就自然而然地推进了这两所大学之间的比较研究。另外，克拉克（Clark）重点关注中世纪的英语区学术服装，用他的话来说，其提供的文本证据有些零散，包括古老的大学城的文本记录，博洛尼亚大学的档案，以及一些文艺复兴时期画家的作品、教堂的屏风和纪念碑等，资料来源的丰富性也是其研究对该领域的贡献。[②]

① W. N. Hargreaves-Mawdsley. A History of Academical Dress in Europe Until the End of the Eighteenth Century[M]. Oxford: Clarendon Press, 1963.

② E.C. Clark LL.D., F.S.A. English Academical Costume (Mediæval)[J]. Archaeological Journal, 1893, 50(1): 183–209.

4. 综合性的学位服研究

马久成和李军是少数撰写中外学位服研究的东方学者，虽然其2003年的专著仅有六十余页[①]，但在国内中文文献中扮演着先驱的角色。在西方的学位服部分，作者涉及的议题较为广泛，包括大学的诞生、学位制的沿革、学位服的滥觞、世俗服装对学位服的影响、学位服的社会功能、学位服的等级标志等，与此同时，还介绍了美国、意大利和法国的学位服。全书篇幅较短而议题广泛，使得这本专著的学术性略显不足，加上这本专著的很多观点的文献出处语焉不详，因而其研究内容可以作为重要的线索，但还需进一步考证。

另外，已有研究中，还有少许的学位服相关的发展镶嵌在大学史研究中，如埃文斯（Evans）所撰的牛津大学史[②]和剑桥大学史[③]。针对建筑学会的学术服饰[④]和法律人士服装[⑤]的研究，限于篇幅，不再赘述。

（二）国内学位服的研究

相比较而言，系统研究中国学位服的研究成果比较有限，且更倾向于综合性的系统研究。

---

① 马久成，李军．中外学位服研究 [M]. 北京：中国人民大学出版社，2003.

② G. R. Evans. The University of Oxford: A New History[M]. London: I.B. Tauris, 2013.

③〔英〕G. R. 埃文斯．剑桥大学新史 [M]. 丁振琴，米春霞，译．北京：商务印书馆，2017.

④ P. Goff. A Dress Without a Home: The Unadopted Academic Dress of the Royal Institute of British Architects, 1923–1924[J]. Transactions of the Burgon Society, 2010(10): 71−98.

⑤ W. N. Hargreaves-Mawdsley. A History of Legal Dress in Europe Until the End of the Eighteenth Century[M]. Oxford: Clarendon Press, 1963.

1. 理论探索的研究

目前国内较早介绍国外学位服的专著是《康有为牛津、剑桥大学游记手稿》[①]，该手稿摘录自康有为1909年撰写的《补英国游记》中的一部分，记载他在1904年游历牛津大学和剑桥大学的见闻，其中介绍了英国大学学位服的穿着场合和相关的管理措施（如违反着装规定会受处罚等），他将英国的学位服与明朝士子的服饰进行比较，寻找异同。

马玖成的《庆典服饰研究——学位服》[②]是改革开放之后较早讨论学位服的研究，该研究简明扼要地回顾了学位服的历史嬗变，凸显“教会是学位服的缘起和嬗变的决定性因素”。文章将科举考试成绩的前三等（状元、榜眼和探花）对应于西方学位，指出中国的学位源于教会大学按照西方的教育方法和学位制度办学。该研究还有一个贡献在于，作者提出对学位服采取的态度和方法，“对于西方文化，我们应遵循鲁迅先生的‘占有，挑选’，吸收‘养料’，抛弃渣滓，同时必须沉着，勇敢，有辨别，不自私”。

马久成和李军的专著《中外学位服研究》，如上文所述，在国内学位服研究领域具有开创性意义，他们不仅系统介绍西方学位服的起源和发展，还重点介绍中国的学位服，包括学位名称解读、士人服与官服、西方学位服的传入、中国学位服的诞生与发展、服饰观念和中国现代的学位服等。这本专著的背景很值得关注，1993年，国务院学位委员会办公室和北京服装学院组成联合

① 康有为. 康有为牛津、剑桥大学游记手稿 [M]. 程道德，点校. 北京：北京图书馆出版社，2004.

② 马玖成. 庆典服饰研究——学位服 [J]. 艺术设计研究，1992(1): 21–23.

课题组，就“建构中国现代学位体系”课题进行专题研究。北京服装学院是马久成的工作单位，国务院学位委员会办公室是李军的工作单位。概言之，这本专著可以看作是国务院学位委员会在学术界的“代言人”。

梁惠娥和周小溪回顾了我国近现代学位服的历史渊源。[①] 他们将古代“士人服”对应于学位服，士人礼服即“用于考取举人、进士以后，拜谒皇帝、孔庙、恩师时穿的礼服”，并从《旧唐书·舆服志》《宋史·舆服志》《明史·舆服志》和《清史稿·舆服志》中找到确凿的证据，这些与马久成和李军的观点类似。他们还有一个贡献在于，将我国现代学位服的发展形制的变化分为三个阶段：缺失阶段（20 世纪 40 年代—80 年代末），复苏阶段（20 世纪 80 年代末—90 年代）和创新阶段（21 世纪以来）。

宋文红在《学术服装的发展及其承载的意义和价值》中指出，现代大学的学术服装起源于中世纪，学术服装的不断变化与高等教育发展同步，而且学术服装与学位授予、毕业仪式以及大学功能作用的发挥息息相关，其承载的意义和价值体现在如下几个方面：第一，欧洲中世纪大学的学术服装以及庄严而隆重的学位授予仪式延续至今，体现欧洲各国长期以来形成的尊重知识的传统；第二，可以向大众展现出标志不同学识的各级学位和穿着者的学术水平、知识能力和受教育程度等；第三，表明了一种在职业上的精神自主权和一种特定角色的要求。[②]

---

① 梁惠娥，周小溪．我国近现代学位服的历史渊源 [J]. 艺术百家，2011(7): 139-142.

② 宋文红．学术服装的发展及其承载的意义和价值 [J]. 比较教育研究，2006, 27(1): 60-65.

2. 理论与实践相结合的研究

根据CNKI数据库可以发现，专门针对学位服的中文学位论文数量有限，但自2006年以来，共有龚洁①、季文婷②、程涵③、韩若梦④和戴紫薇⑤五篇硕士学位论文探讨了中国本土的学位服设计，这些论文的作者专业均与服装设计有关。这些研究的共同点在于理论与实践相结合，均回顾了学位服的起源，介绍了欧派和美派学位服的特点，并详细介绍了一些案例国家著名大学的服饰和仪式，提炼了当前中国学位服设计存在的问题，最终从学理或实践层面提出设计方案。

上述论文研究发现，当前中国学位服设计存在的主要问题包括：（1）学士学位毕业生人数最多，但缺乏对学位服的统一规范，应用混乱；（2）学位服材质规定模糊，各高校学位服材质不统一；（3）学位服的款式结构及颜色的应用混乱，制作粗糙，没有形成标准化；（4）学科代表色分类粗略，只对文、理、工、农、医和军事六大类学科进行颜色规定，与国际上的学科颜色细分不接轨；（5）垂布的设计无明确尺寸和规格，导致垂布在制作及应用上的不便，尺寸问题在整个学位服问题上都是存在的；（6）校本文化不突出；（7）对传统服饰元素运用不够灵活；（8）学位服管理制度不完善，目前国家只是出台推荐使用要求，缺乏礼仪活动

① 龚洁.关于中国学位服的研究与设计 [D].天津：天津工业大学，2006.
② 季文婷.中国学位服系统设计研究 [D].上海：东华大学，2013.
③ 程涵.中国现代学位服饰设计研究 [D].石家庄：河北师范大学，2018.
④ 韩若梦.我国现代学位服创新设计研究 [D].石家庄：河北科技大学，2019.
⑤ 戴紫薇.礼文化视阈下学位服研究与创新设计 [D].武汉：武汉纺织大学，2022.

的标准化要求。这些研究发现与马素琴和徐强[①]的观点大同小异，说明这些问题在近二十年内均无实质性改观，凸显中国学位服改革的紧迫性和重要性。针对上述问题，这些学位论文的作者给出的建议也与马素琴和徐强所提较为相似：一是学位服的款式，可以在学位服的内衬服装上体现中国特色，如可穿着各种中式立领衬衫；二是学士服的款式可采用中国传统的连身袖结构，各类学位服的袖子可采用中国古代的大袖；三是学位服垂布上用以划分学科的颜色分类应该与国际惯例保持一致，更加细化和合理；四是尽快制定学位服在毕业典礼和学位颁发仪式等场合的使用规范及相关配套体系，并早日推出各院校可参考的实用指南，使我国的学位服体系和学位制度更加完备。龚洁在上述建议的基础上补充了四条：一是对学士服做出统一规范；二是对学位服的材质和颜色标准做出明确规定；三是借鉴国外做法，按照学位等级设计学位服垂布尺寸，学位越高，垂布越长；四是对于内在装束无定性要求的问题，可以设计假领，用领带和领结区分男女等。[②]此外，徐强建议：中国学位服面料既不要像西方学位服面料那样过于华丽，以降低成本，同时又要弥补国内学位服面料舒适性较差的不足；可使用中国特色的面料，如蓝底红牡丹花的纺绸做垂布底色；用“Z”字形传统纹样做袖边缘饰，使服装在整体上得到很好的统一。[③]

与2006年以前的研究相比，上述五篇学位论文研究的优势

① 马素琴，徐强．中外学位服的比较与开发研究 [J]. 国际纺织导报，2005(5): 55−60.

② 龚洁.关于中国学位服的研究与设计 [D]. 天津：天津工业大学，2006.

③ 徐强.影响中国学位服设计的因素分析 [J]. 纺织科技进展，2009(3): 91−93.

和特色在于，研究者提出了中国学位服设计的具体方案。龚洁提供了三套方案：现代风格、“舶来”风格和民族风格，具体为：现代风格的设计主要体现在假领的设计、帽子与衣身的连体型和扣子；“舶来”风格主要借鉴“英派”和“美派”学位服的设计特征，比较集中地体现在袖子的变化上（如根据学位等级的提升，袖身逐渐增肥）；民族风格主要体现在服饰结构的分割以及披肩的变化（如披肩的设计灵感来源于清代的披领）。

韩若梦设计方案的标准在于时代性、师生需要、民族特色，具体设计包括款式、色彩、装饰、面料、制作流程、工艺等。[①]如在款式设计方面，采用我国古代襕衫的造型作为现代学位服款式设计的基础，在衣领部位的设计上，采用清代的领衣与衣身相结合的设计理念；在色彩方面，衣身和衣领的颜色分为：学士（黑色 + 米黄色），硕士（黑色 + 青色），博士（黑色 + 衣领边框红色），导师（紫色），校长（黄色）；在装饰方面，学位服上的图案采用竹子的图案进行变形和设计，扣型设计采用一字扣等；在面料方面，使用轻薄透气的面料和仿天然面料。

程涵提出的方案包括款式设计、学科分类及个性化设计、局部设计、色彩设计、衣袖设计、纹样设计、面料设计和材质等方面。[②]（1）在款式设计方面，方案一遵循古代的袍服制，采用圆领衫的主要形式，衣身宽大，衣身工艺处理上前后分别加入包边的设计，分片裁剪打破传统学位服单一的款式；方案二采用古代云肩的形制，将云肩进行改良，摒弃装饰性较强的排须，将云肩和

① 韩若梦 . 我国现代学位服创新设计研究 [D]. 石家庄：河北科技大学 , 2019.

② 程涵 . 中国现代学位服饰设计研究 [D]. 石家庄：河北师范大学 , 2018.

衣身相联系。（2）在学科分类及个性化设计方面，文理分科，方案一是垂布条的边缘处做不同颜色的包边条区分；方案二是在披肩的肩部位置进行设计，文科用与衣身相邻近颜色拼接，理科直接缝合。（3）在局部设计方面，内搭的中国传统交领设计，或者云肩上加小立领。（4）在色彩设计方面，学士用青色，硕士用紫色，博士用绯色，导师用灰绿色，校长用黑色。（5）在衣袖设计方面，硕士和博士衣袖比学士衣袖更加肥大。（6）在纹样设计方面，提取十二章的纹样①，选取黻作为衣袖和领子的纹样。纽扣设计采用琵琶扣，学位级别越高，扣子数量越多。（7）在面料设计方面，选择仿天然面料。（8）在材质方面，学位帽衬里采用更加轻薄的材质，流苏的颜色与学位服一致。

季文婷的方案具有大数据的思维，从模块化设计思维及应用出发，尝试建立中国学位服系统产品族结构配置模型。②该配置模型需要两个步骤：首先是建立学位服设计“数据库”并将其模块化；其次是建立模块之间的组合规则。她的方案强调中国特色，但不是一味地复刻汉服制度，在充分学习中国传统礼服设计以及

① 东汉至南朝早中期帝王冕服上绣日、月、星辰、山、龙、华虫、宗彝、藻、火、粉米、黼、黻等十二章纹。它们的象征意义如下：（1）日、月、星辰，取其照临，如三光之耀；（2）山，取其稳重，象征王者镇重安静四方；（3）龙，取其应变，象征人君的应机布教而善于变化；（4）华虫（雉鸡），取其文丽，表示王者有文章之德；（5）宗彝，取其忠孝，取其深浅有知、威猛有德之意；（6）藻，取其洁净，象征冰清玉洁；（7）火，取其光明，表达火焰向上，率领人民向归上命之意；（8）粉米（白米），取其滋养、养人之意，象征济养之德；（9）黼（斧形），白刃而銎（斧子上安柄的孔）黑，取其善于决断之意；（10）黻（双兽双背形），谓君臣可相济，见善去恶，取其明辨，寓意臣民背恶向善。详见：黄强．南京历代服饰 [M]. 南京：南京出版社，2016：13-14.

② 季文婷．中国学位服系统设计研究 [D]. 上海：东华大学，2013.

士子服装设计的基础上，提出五个设计点：（1）襕衫制，一种无袖头的长衫，上为圆领或交领，下摆一横襕，以示“上衣下裳”之旧则。（2）采用中国传统的五行色作为学位服色彩方案，学士用黑色，硕士用青色，博士用红色，导师用金色，校长用土褐色。（3）学位服的装饰以领缘或袖口纹饰为主，纹样设计上，以“梅兰竹菊”四君子纹样来分别装饰博士、硕士、学士和专科生的学位服。（4）应用半臂、绦带、霞帔等特色服饰，通过差异性设计体现学位等级。（5）学位帽的改制：将底座改为相对硬的，方形改为长方形，可参考周弁、爵弁和樊哙冠。季文婷也给专科生提供了学位服设计方案。

戴紫薇的学位服设计方案主要结合湖北省楚文化发源地特征（如色彩、图案和配饰等），具体包括三个设计点：（1）设计方案与款式。学位服设计借鉴中国传统长袍宽松的风格造型，突出学位服大方洒脱的气质，彰显中华文化精神。袖子造型采用宽松肥大的设计，从整体上展示中国传统礼仪服装的文化气韵。女装学位服款式沿袭古代的长袍制，以圆领袍为主要形式。衣身工艺上，前片、后片分别添加卷边设计，裁片打破传统学位服的单一风格。服装整体为云肩加长袍假两件式服装款式。标志性造型“V”领的设计上，将领部分开为左右两部分，中间用学校图标固定，用结绳编出学校徽标形制。男款学位服为一体袍衫形制。前衣身中部通过盘扣连接，在细节设计上运用包边工艺，男款后衣身有较窄的工字褶设计。“V”领部用中国古代交领右衽形制的交叠特征，体现学位服“礼”的含义。（2）纹样。该系列服装图案设计，以楚国纹样的楚龙云纹、楚凤云纹为基本元素结合。选择楚国龙凤云纹融入男女款学位服设计中，有效传承中国文化精神。纹样布局上，中国传统图案在服饰局部设计中起到画龙点睛作用。故在纹样面积处理上，用小面积图案装饰，通过刺绣体现学位服秀美韵味。（3）颜色。学士袍整体颜色为黑色，沿领子有一条装饰贴边，颜色为学科代表色；同时，披肩的颜色也用来表示学科类别；学位帽设计样式为平直的书本特征加上圆形底座，帽底座边缘线亦与学科颜色统一。

上述方案多数遵循了马久成和李军提及的1994版学位服的两大基本原则：符合世界惯例和体现中国特色，但进步在于，中国特色更加浓重。

令人印象深刻的是，韩若梦还提出设计我国学位服要遵循如下原则：统一原则、加重原则、平衡原则、比例和韵律原则以及“TPO”原则（学位服穿着时间、地点和目的），要设计出充分体现我国传统服饰文化特色和传统文化精神的学位服。另外，也有一些研究讨论了中国学位服设计的影响因素，徐强认为主要是世俗文化和中西文化，其中，后者包括中西文化的选取和认识以及宗教因素。[①]程涵则认为重点在于中国服饰和学位服饰的礼仪特性和等级特性。

（三）小结

国内外学者对于大学学位服的起源、演变和发展已有充分的研究，国内学者对于学位服的本土化和未来发展已有一定的思考和研究，但仍然存在如下问题：第一，在研究内容方面，对于欧美国家大学的案例研究较为普遍，却鲜有对日本、韩国、新加坡等东方国家学位服的研究；针对中国大学学位服的研究，对于

① 徐强．影响中国学位服设计的因素分析[J]. 纺织科技进展，2009(3): 91–93.

古代、近代的学位服的研究相对比较简单，不够系统；对于当今中国学位服的国家标准存在的问题剖析不够，对于欧派和美派的学位服的认识过于理想化，缺乏问题视角，最终提出的中国学位服的本土化建议偏宏观，操作性方面有待加强。第二，在研究方法方面，国外、国内学位服研究中，历史研究法、案例研究法比较常见，普遍的问题在于比较研究方法较少。国内学位服研究中还存在一些问题：历史研究法对于时间的跨度选择过于宏观，缺乏层次感，容易忽略一些关键的时间节点和重大事件；已有研究中的案例研究方法使用得不够，单案例研究为主，多案例研究比较缺乏；比较研究方法的运用也不够深入，在国外学位服的研究和国内研究尚未全面和到位的情况下进行比较，容易导致问题视野的偏差，对于国外学位服的褒扬过多，对国内学位服的反思过少，对国外学位服的设计和管理制度的学习上，批判性不够。可以尝试使用其他研究方法，如文本研究方法，也可以对报纸杂志的报道进行研究。第三，研究资料方面，目前这方面的反思对于国内的已有研究者来说是“盲区”。国外的文献处理规范相对于国内的研究较为成熟，国内的多数研究缺乏一手资料的文献出处，甚至没有出处，使得后来的研究者对于已有研究的一些观点不敢轻易引用，重复地收集文献资料，时间成本较大；对于国外大学的官网资料依赖过重，也就很容易导致以偏概全，潜在地假设国外学位服的发展“一帆风顺”，对于存在的问题和挑战有意无意地忽略，可能会带偏后来的研究者和实践者。

基于已有研究存在的上述问题，本课题组针对学位服的研究进行了详细的分工，安排专人进行国别研究和中国的断代史研究。国别研究方面，有成员研究了英国[①]和日本的学位服，其中，在英国学位服研究中，重点关注了英国学位服在英联邦或前殖民地国家和地区（如美国、加拿大、新西兰等）的传播与发展。中国的断代史研究方面，有三位成员分别进行中国古代、民国时期和现代的学位服研究。在研究方法上，我们力求将案例研究方法和比较研究方法运用得更为深入，借助了断代史的研究方式，对中国不同时代的学位服发展进行研究和反思，还增加了文本研究方法。在研究资料方面，更加强调一手资料的重要性，对于一些较难获得的英文文献，通过购买正版的资料或者委托国外的博士生收集文献来实现。

三、研究目的和意义

研究目的可以分为个人目的、实践目的和知识目的（科学目的）。研究的意义是对有关人员、事情或社会机构的作用，与研究目的内涵基本一致，故这里可以和研究目的结合阐述。

个人目的：本课题的研究目的对于我们个人而言，是较为朴实的，是自外而内的价值认同。如上文所述，课题的开展首先是与德高望重的杜祖贻先生2017年在北京大学教育学院的讲学有关。课题组的联络人王小青博士当年是讲座和接待晚宴的参与者之一。杜先生对北大的后辈青年学者参与推动中国学位服的改革和发展寄予厚望，王小青博士以及后来的课题参与者积极响应杜先生的倡议。外在的动力在于青年学者对于前辈杜先生的尊重，

① 实际上，意大利和法国的学位服也是值得研究的，但由于团队内部缺乏通晓两国语言的人才，无法将相关研究做得原汁原味。感兴趣的同仁可以阅读马久成和李军的《中外学位服研究》第56–63页作基本的了解。

内在的动力在于杜先生陈述课题时对于中国文化自信、民族自尊的价值和意义的阐释得到了大家的认同，情感上引起共鸣。

实践目的：通过课题组的研究能够“贯通中西”“博古通今”，考察当前主流西方国家的学位服的起源、变革与发展，东方儒家文化国家的学位服现状与发展，以及中国古代、近代和当代的学位服发展。研究成果将为教育主管部门和大学改革学位服（尤其是推进学位服进一步的本土化和中国化）提供科学的参考。

知识目的：本书对现代学位服进行了历史起源考察和文化解读，分别对英国、英联邦国家、前殖民地区及日本的学位服变革与发展进行了研究，对于中国学位服的发展从历史的维度进行了古代、近代和当代的断代史研究。从比较教育学学科视角来看，形成了自然的西方国家学位服之间的比较、中外学位服之间的比较、中国学位服的古今比较，了解不同国家和地区学位服的联系、相同点和差异，这类的理论探索本身就是贡献。

第二章　英国大学学位服

作为庆典服饰之一的学位服亦称为“大学礼服”，包括长袍、连颈帽（垂布）和学位帽。与教士的圣带（stole）和十字褡（chasuble）、律师的假发以及耶稣会信徒的长袍一样，学位服也是过去的仪式遗存。[①]几个世纪中，西方学者一直是神职人员，无论是在生活中还是在外表上，他们似乎都习惯于神职人员的衣服。这种严肃的服装源于时尚，但是不久之后，长长的封闭式长袍和连颈帽已经成为学者的特色。[②]就服饰而言，大学学位服、宗教教职服和法律职位服之间存在以下相似之处：博士、硕士的服装相当于主教、牧师和法官的，而学士的服装相当于宗教的执事、副执事和高级律师的。[③]

在大学的正式典礼上穿着学位服是一种义务，如大学官员的出场、讲座、考试以及大多数官方会议上。《剑桥大学新史》中说校友 19 世纪晚期回忆学生出入教堂和图书馆都必须穿学术

① D. Knows. A History of Academical Dress in Europe by W. N. Hargreaves-Mawdsley[J]. British Journal of Educational Studies, 1963, 12(1): 77−78.

② N. Cox. Academical Dress in New Zealand[J]. Transactions of the Burgon Society, 2001(1): 15.

③ A. Kerr. Layer upon Layer: The Evolution of Cassock, Gown, Habit and Hood as Academic Dress[J]. Transactions of the Burgon Society: 2005(5): 56.

服装。[①] 以牛津大学为例，毕业典礼上大学生被要求穿暗色衣着（subfusc clothing）[②] 搭配完整的学术服装（full academic dress）。[③] 至少在 20 世纪初之前，学术服装穿着不齐全或着装期间违反禁令（如抽烟），学生会被罚款。[④] 即便是现在，像在剑桥大学，如果学位候选人衣冠不齐则不能参加毕业典礼。[⑤]

有学者认为，学位服能够绵延至今，最主要原因可能是其特有的三项社会功能：一是特定的认同功能；二是社会控制功能；三是划分等级的功能，通过不同的服饰造型和色彩等实现。尤其是前两个功能表明，学位服是社会监督学生、学生自我约束和管理的一种工具。[⑥] 以剑桥大学为例，在 19 世纪，“要求学生穿学袍，是为了表示学生及其行为表现明显处于校内学监和纪律人员

①〔英〕G. R. 埃文斯 . 剑桥大学新史 [M]. 丁振琴，米春霞，译 . 北京：商务印书馆，2017: 10, 379.

② 所谓“暗色衣着”对于男生和女生有不同规定：（1）男士：深色西装，深色袜子，黑色靴子或鞋子，白衬衫，白领和白色领结；（2）女士：白色衬衫，黑色领带，深色裙子，黑色丝袜，黑色靴子或鞋子，如有需要，着深色外套。详见牛津大学官网：https://www.ox.ac.uk/news-and-events/The-University-Year/Encaenia/academic-dress.

③ University of Oxford. Academic Dress: Subfusc[EB/OL]. [2020-08-30]. https://www.ox.ac.uk/news-and-events/The-University-Year/Encaenia/academic-dress.

④ 康有为 . 康有为牛津、剑桥大学游记手稿 [M]. 程道德，点校 . 北京：北京图书馆出版社，2004: 5.

⑤ University of Cambridge. Academical Dress[EB/OL]. [2020-08-30]. https://www.cambridgestudents.cam.ac.uk/your-course/graduation-and-what-next/degree-ceremonies/academical-dress.

⑥ 马久成，李军 . 中外学位服研究 [M]. 北京：中国人民大学出版社，2003: 19–20.

的监督之下，至少是在每天的某些时间以及在某些活动中”[①]。有学者认为，对于欧洲学位服的历史而言，其核心是牛津和剑桥的习惯。[②]而欧洲本身就是学位服的发源地，可见，英国大学学位服在整个学位服发展历史上处于至关重要的地位。本章将综合使用文献研究法、历史研究法和比较研究法研究英国大学学位服的历史溯源、文化意蕴和变革发展，对检视现代大学学位服的发展有重大意义和价值。

一、英国大学学位服的起源

考察英国大学学位服的起源，首先需要考证的问题是学位制度产生于何时。学位出现之后，学术服装与它更加紧密地挂钩，才逐步形成“学位服”这一术语，或者说学术服装才开始包括学位服这层含义。按照戈夫 1999 年的研究，在 13 世纪一种系统或者等级开始出现：（1）学者（scholars）：授课；（2）学士：寻求教学许可的实习教师；（3）硕士（博士 / 教授）：必须是有两年授课经历的毕业生。这里，博士、硕士两者和教授一样，一般是知识渊博的人或教师[③]。[④]可以看出，学位起源于教师任职证明。基

①〔英〕G. R. 埃文斯 . 剑桥大学新史 [M]. 丁振琴，米春霞，译 . 北京：商务印书馆，2017: 386.

② D. Knows. A History of Academical Dress in Europe by W. N. Hargreaves-Mawdsley[J]. British Journal of Educational Studies, 1963, 12(1): 77−78.

③ 历史上，“教师”既可称为“教授”（professor），又可称为“博士”（doctor）和“硕士”（master），甚至“学士”，英文的“teacher”（教师）是从拉丁文“docere”（博士）演变而来。详见：马久成，李军 . 中外学位服研究 [M]. 北京：中国人民大学出版社，2003: 11.

④ P. Goff. University of London Academic Dress[M]. London: The University of London Press, 1999: 12.

于这一研究，“学位服”的术语不会早于13世纪。

其次，学位服产生的时间。对于学位服的滥觞存在不同的观点，马久成和李军提到三种观点：一是起源于13世纪，有两种依据，第一种是13世纪初主教颁布的法令，第二种是约翰·罗斯（John Ross）在《西洋服装史》（*A History of Costume in the West*）中认为较为统一的学位服始于13世纪，原因在于该时期大学从罗马获得了规定其服装的权力；二是早于13世纪，这是马久成和李军的观点，他们认为主教法令只是说明学位服自13世纪开始有史料佐证它的发展嬗变，但并不代表自13世纪以前未曾出现；三是学位服最早源于古希腊。[①]三种提法中，希腊说不合逻辑，罗马授权说是形成机制，唯主教的法令为标志可以成立。那“主教的法令”到底是什么？按照笔者考察，应该是英国坎特伯雷大主教史蒂芬·兰顿（Stephen Langton）于1222年在牛津理事会下令为所有世俗神职人员订购一种封闭式斗篷（close cloak）[②]或披风（cappa clasua）[③]，以使英国神职人员与天主教欧洲其他地区的神职人员保持一致，大学保留了披风，并成为博洛尼亚大学、巴黎大学和牛津大学学术着装的主要内容。[④]另外，马久成和李军的研究实际上不小心忽略了一个更为基本的问题，如果“学位”尚未出现，严格意义上来说，“学位服”应该是“学术服

① 马久成，李军．中外学位服研究[M]. 北京：中国人民大学出版社，2003: 14.

② 也可以译为“全围斗篷”。

③ 阎光才在《文化乡愁与工具理性：学术活动制度化的轨迹》一文中将“cappa clasua”译为“披肩”，而马久成和李军在《中外学位服研究》中将之译为“克劳斯罩袍”。

④ W. N. Hargreaves-Mawdsley. A History of Academical Dress in Europe Until the End of the Eighteenth Century[M]. Oxford: Clarendon Press, 1963: 5.

装”。根据上文戈夫对学位制度出现时间的考证，学位服更应该出现在 13 世纪。坎特伯雷大主教的一纸法令也将英国大学学位服的起源定格在 1222 年前后。

最后，学位服形成时其形制受到的影响。通常认为大学学位服最初无异于世俗教士的长袍[①]，不过并不代表学位服最初起源于宗教领域。实际上，学位服起源于中世纪男女的日常着装，后者由古希腊、古罗马时期过膝的短袍（tunic）或者古罗马时期市民穿的宽松的托加袍（toga）（见图 2–1）和外面的斗篷构成，在袍子的上面加了罩或连颈帽用以保护头和肩膀。[②]当然，学位服的起源不可能脱离宗教，这与中世纪大学师生的身份密切相关。以牛津大学为例，12 世纪末成立[③]的重要背景是教堂对于未来能阐释教会文书的神职人员的需求增长较快，这些人才需求由大学来满

---

① 阎光才 . 文化乡愁与工具理性 : 学术活动制度化的轨迹 [J]. 北京大学教育评论，2008, 6(2): 143.

② P. Goff. University of London Academic Dress[M]. London: The University of London Press, 1999: 13.

③ 牛津大学建于何时，在学界一直难有定论。周常明在《牛津大学史》一书中指出“牛津大学建立的具体时间很难确定，因为它的建立并不是一个独立的事件”。埃文斯（G. R. Evans）在其书《牛津大学新史》（*The University of Oxford: A New History*）中认为牛津大学是 12 世纪末成立的。而钱乘旦和许洁明在《英国通史》中则明确指出：“1191 年，集结在这里的学生团体和学者开始把‘牛津’称为‘university’。”曹汉斌在《牛津大学自治史研究》中认为，“从历史上看，牛津大学不是短期内创造出来的，而是长期演变而成……12 世纪末，国内外因素都有利于牛津成为一个高等教育的中心”。笔者在牛津大学官网（https://www.ox.ac.uk/about/organisation/histor）上也无法查到具体建校时间，官网提到牛津大学“没有明确的成立日期，但在 1096 年就已经以某种形式存在教学……在巴黎禁令后，牛津大学从 1167 年开始迅速发展”。笔者暂时选择埃文斯的观点。

足。[①]大学的学者即师资自然而然以教士为主。博洛尼亚大学、巴黎大学、牛津大学和剑桥大学的学生是教会工作人员，他们的着装就像教区神职人员的服装，但因其长且封闭而特别出众，外面斗篷是封闭的，只留一两个口子方便伸出双手（见图 2-2）。[②]实际上，这里的斗篷或披风也被认为是一种装饰性披肩（cape）[③]的袍子，一般的教士却越来越多地忽略使用这一装饰，故而这种带披肩的长袍就逐步变成大学拥有学位者的独有性服装[④]。[⑤]它成为牛津大学和剑桥大学的早期学者和毕业生的常规服装。如今这种斗篷仍然以某些形式存在，例如，剑桥大学副校长在授予学位时

① G. R. Evans. The University of Oxford: A New History[M]. London: I.B. Tauris, 2013: 79.

② P. Goff. University of London Academic Dress[M]. London: The University of London Press, 1999:13.

③ “披肩”（tippet）一词（tippet 和 cape 意思一样），在旧的法规和记录中，以及在现代作者笔下的用法是：（1）现在用哈格里夫斯-马德斯利的话来说，就是“小金字塔形的披巾”，用纽扣固定在一件现代牛津普罗克特（proctor，译为“学监”）长袍的过肩部位左下角的一块布上；（2）说教用的披肩；（3）帽上的长尾；（4）整个连颈帽；（5）连颈帽的披肩（the cape of the hood）。从克拉克（Clark）和其他人引用的许多早期文献来看，牛津系学者似乎最常指的是前两个，剑桥系学者认为是最后一个，详见：A. Kerr. Layer upon Layer: The Evolution of Cassock, Gown, Habit and Hood as Academic Dress[J]. Transactions of the Burgon Society, 2005(5): 55.

④ 科尔在其论文“Layer upon Layer: The Evolution of Cassock, Gown, Habit and Hood as Academic Dress”第 49 页提到，中世纪的学术服装，在内袍、外袍、连颈帽基础上，一些受益者、重要人士和毕业生还会增加一种服饰，这种服饰包括披肩和塔巴达（tabard）袍。因此，可以推断，毕业生和在读生的区别在于这种“装饰性的披肩”。

⑤ W. N. Hargreaves-Mawdsley. A History of Academical Dress in Europe Until the End of the Eighteenth Century[M]. Oxford: Clarendon Press, 1963: 5.

会使用。[①]

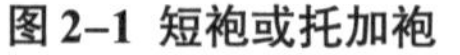

图 2–1 短袍或托加袍　　　　**图 2–2 封闭式外衣斗篷**[②]

在 15 世纪下半叶，封闭的斗篷变得更短、更开放，反映了与服装有关的理念、借鉴学习和艺术创造的世界更加开放。笨重的外衣逐步被淘汰，而穿在里面的短袍或托加袍变成外衣。1470 年开始，外衣敞开穿着，袖子变宽，形式多样；1490 年开始，在外衣前面或袖子上增加丝绸、皮草材质的镶边或饰边成为一种流行。[③]

① P. Goff. A Dress Without a Home: The Unadopted Academic Dress of the Royal Institute of British Architects, 1923–1924[J]. Transactions of the Burgon Society, 2010(10): 75.

② 图 2–1 和图 2–2 来源于：P. Goff. University of London Academic Dress[M]. London: The University of London Press, 1999: 15.

③ P. Goff. University of London Academic Dress[M]. London: The University of London Press, 1999: 14.

二、英国大学学位服的形制及其文化意蕴

英国大学学位服主要由长袍、连颈帽和帽子三部分组成。学位服的连颈帽衬里和连颈帽镶边的颜色分配与学科学位相对应。材质作为区分学位等级的一大因素，学士、硕士及博士学位所对应的学位服连颈帽衬里也有所不同。

（一）长袍、连颈帽和帽子

1. 长袍

长袍是毕业生的惯用服装。戈夫对长袍几个世纪的演变有较为细致的研究。到 1500 年，在牛津大学、剑桥大学和欧洲其他地方，封闭的斗篷被人们放弃，取而代之的是短袍或衬衣（undergarment），该外衣在前面敞开，并有袖子，这种短袍或者托加袍是如今所知的大学学位服长袍的始祖，与神职人员的凯瑟克袍一样。[①]

几个世纪以来，大学礼服袖子的形状表明了它所代表的学位（众多的新大学的出现使得每所大学均需独特的长袍系统），但作为一个粗略指导，学士穿着带有长而尖的翅膀状袖子的长袍（见图 2-3），硕士穿着带有长且封闭袖子的长袍（见图 2-4），其来自于都铎王朝时期的时尚；博士通常按照硕士的设计穿着一件黑色长袍（见图 2-5 和图 2-6），但他们几乎总是穿着整套猩红色长袍，对于博士，礼服更多带有一种红色阴影，类似紫红色或深红色。

① P. Goff. University of London Academic Dress[M]. London: The University of London Press, 1999: 16.

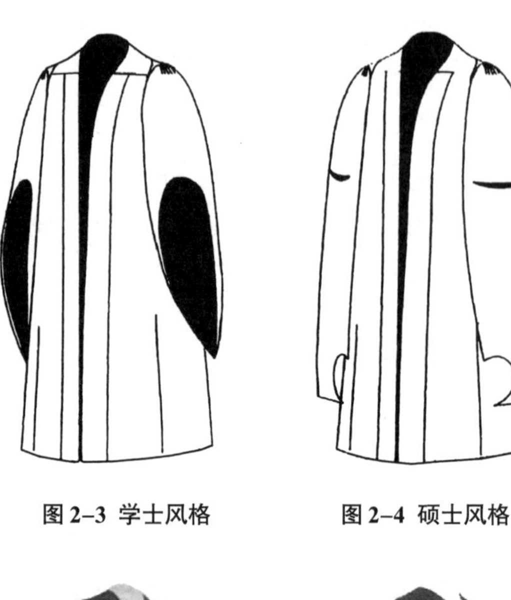

图 2–3 学士风格　　　　图 2–4 硕士风格

图 2–5 牛津神学博士服装　　图 2–6 剑桥医学博士服装[①]

随着时间推移中世纪短袍或托加袍的窄袖子一点一点融入学士服和博士的完整学术服装中，不过后者的袖子更宽一些。[②]

① 图2–3 至图 2–6 来源于：P. Goff. University of London Academic Dress[M]. London: The University of London Press, 1999: 16.

② A. Kerr. Layer upon Layer: The Evolution of Cassock, Gown, Habit and Hood as Academic Dress[J]. Transactions of the Burgon Society, 2005(5): 47.

有意思的是，牛津大学为“重大会议”（convocation）保留了特殊的长袍，而剑桥大学几乎放弃了为重大会议准备的所有特殊着装；牛津大学在公费生（scholar）、奖学金获得者（exhibitioner）和自费生（commoner）之间保持着长袍差异，但在学院之间没有区别，而剑桥大学在本科生类别方面没有区别，但在学院之间却表现出多样性。[①]

2. 连颈帽

中世纪的连颈帽由三部分组成：保护头部的兜帽（cowl），或者说是连颈帽本体；一个披肩，是用来连接兜帽的，通常覆盖肩上，并经常延伸到肘部；还有连颈帽的尾部，也称为长尾，它既可能很短，用于将连颈帽从头上拉开，也可以足够长，以至于像围巾一样使用。当连颈帽戴回去时，还可以用作携带食物或工具的袋子。[②]中世纪的披肩或斗篷（cappa）类似于主教和牧师的无袖长袍（chasuble）、游行的长袍（processional cope）和高级教士的无袖罩袍（chimere），以及法官的斗篷，所有的衣服都是以圆形或半圆形为基础的。[③]

学位连颈帽，属于英国特色，可能是学位服最重要的组件。[④]15世纪至少在英国，人们开始把连颈帽看作是毕业的象

① D. Knows. A History of Academical Dress in Europe by W. N. Hargreaves-Mawdsley[J]. British Journal of Educational Studies, 1963, 12(1): 77−78.

② P. Goff. University of London Academic Dress[M]. London: The University of London Press, 1999: 17.

③ A. Kerr. Layer upon Layer: The Evolution of Cassock, Gown, Habit and Hood as Academic Dress[J]. Transactions of the Burgon Society, 2005(5): 56.

④ N. Cox. Academical Dress in New Zealand[J]. Transactions of the Burgon Society, 2001(1): 15−43.

征[①]，并赋予它独特的颜色和衬里。本科生的连颈帽是黑色的，没有衬里（法学的公费生除外），而其他毕业生的连颈帽则是用毛皮或其他材料（如羊毛织物）或丝绸。比如，丝绸从1432年起在牛津大学开始使用，直到1560年才在剑桥大学出现。[②]

发展到如今，连颈帽有一些基本的形状和几个变化。还保存部分斗篷的连颈帽被称为“完整形状”，如剑桥大学、伦敦大学以及牛津大学博士；那些没有或几乎没有斗篷保留的被称为“简单形状”，如牛津大学、牛津大学伯根（Burgon[③]）式和爱丁堡大学[④]（见图2−7）。科尔认为，完整形状的长袍仅仅是便服的节日版，在16世纪，牛津大学和剑桥大学都使用带有披肩和连颈帽的长袍，但17世纪和18世纪废弃（除了音乐博士），在19世纪剑桥大学又恢复使用，这仅仅是时尚或习俗的问题。[⑤]

---

① 剑桥大学规定，仅毕业生和正式参加毕业典礼的人才能穿连颈帽。详见官网：https://www.cambridgestudents.cam.ac.uk/your-course/graduation-and-what-next/degree-ceremonies/guests。

② N. Cox. Tudor Sumptuary Laws and Academical Dress: An Act Against Wearing of Costly Apparel 1509 and an Act for Reformation of Excess in Apparel 1533[J]. Transactions of the Burgon Society, 2006(6): 25.

③ Burgon为人名。

④ P. Goff. University of London Academic Dress[M]. London: The University of London Press, 1999: 19−21.

⑤ A. Kerr. Layer upon Layer: The Evolution of Cassock, Gown, Habit and Hood as Academic Dress[J]. Transactions of the Burgon Society, 2005(5): 49.

图 2-7 学位服完整形状和简单形状示意图[①]

注：上图为学位服完整形状示意图，自左向右分别是剑桥大学、伦敦大学和牛津大学博士；下图为学位服简单形状示意图，自左向右分别为牛津大学、牛津大学伯根式和爱丁堡大学。

根据考克斯的进一步解读，剑桥大学文科硕士的现代学位连颈帽属于完整形状，整体是黑色，丝绸衬里为白色，它由大兜帽和原始头饰组成，也有一个披风覆盖在肩膀上，这是牛津简版无法实现的；现代牛津大学神学的博士服和学士服的连颈帽，剑桥大学所有的连颈帽，都保留了原始的形状，比牛津大学文科学士服更接近原汁原味。[②]

至于连颈帽的形状，以牛津大学为例，根据诺斯的研究，牛

① P. Goff. University of London Academic Dress[M]. London: The University of London Press, 1999: 20−21.

② N. Cox. Academical Dress in New Zealand[J]. Transactions of the Burgon Society, 2001(1): 15−43.

津规定的连颈帽形状有：牛津简单型 [s1]、伯根型 [s2] 和牛津完整型 [f5][1]。在登记册中，分配给各个学位的形状如下。

[s1] 或 [s2]：BA 文科学士，MA 文科硕士，BCL 民法学士，BM 医学士，BLitt 文学士，BSc 理学士，BMus 音乐学士，MPhil 哲学硕士；

[s1]：BD 神学士，BPhil 哲学士，MCh 外科学硕士；

[s2]：BEd 教育学士，MSc 理学硕士，MLitt 文学硕士，BFA 艺术学士，MSt 研究硕士，BTh 宗教学士，MTh 宗教学硕士，MEd 教育学硕士，MBA 工商管理硕士，MFA 艺术硕士，DClinPsy 临床心理学博士；

[f5]：DCL 民法学博士，DM 医学博士，DD 神学博士，DSc 理学博士，DLitt 文学博士，DPhil 哲学博士，DMus 音乐学博士。[2]

3. 帽子

戈夫的研究对帽子的演变和分类有全面介绍。连颈帽本身可以作为头饰（head-dress），之后这种方式过时，便只戴在后面，取而代之的是无边便帽（skullcap）（见图 2–8），它由四块缝在一起的布制成（可以很好地戴在早期神职人员即老师和学生的头顶剃光的部位），该无边便帽逐渐形成了凸起的圆形帽状（round cap）和方形帽状（square cap）两种主要的演变方向（见表 2–1）。

① 这里“s”全称为“simple shape”，表示简单形状；“f”全称为“full shape”，表示完整形状。

② A. J. P. North. The Development of the Academic Dress of the University of Oxford 1920–2012[J]. Transactions of the Burgon Society, 2013(13): 101–141.

表 2-1 学位服帽子的分类列表[①]

帽子演变方向	类型	应用范围
圆帽	古罗马式无檐帽	法国博士的方案，英国苏塞克斯大学（Sussex University）博士
	都铎式帽	最常见的博士学位帽
方帽	坎特伯雷帽	英国圣公会神职人员
	牛津软帽	一些大学将其用作女性学位帽的替代品
	现代学位帽或方帽	较为常见
	安德鲁主教帽	剑桥大学的神学博士
	四角帽	直到 20 世纪 60 年代，在罗马天主教大学中使用；法官也戴着这种帽子
	约翰·诺克斯帽	苏格兰，软的天鹅绒方帽

其中，圆帽包括古罗马式无檐帽（见图 2-9）和都铎式帽（Tudor bonnet）（见图 2-10）；方帽包括坎特伯雷帽（Canterbury cap）（见图 2-11）、牛津软帽（见图 2-12）、现代学位帽（见图 2-13）、安德鲁主教帽（Bishop Andrew's cap）（见图 2-14）、四角帽（见图 2-15）和约翰·诺克斯帽（John Knox cap）（见图 2-16）等。

图 2-8 无边便帽

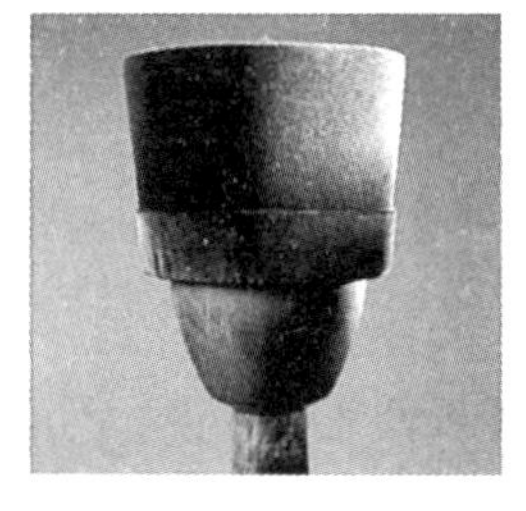
图 2-9 古罗马式无檐帽（圆帽）

图 2-10 都铎式帽

① P. Goff. University of London Academic Dress[M]. London: The University of London Press, 1999: 22-23.

图 2-11 坎特伯雷帽

图 2-12 牛津软帽

图 2-13 现代学位帽

图 2-14 安德鲁主教帽

图 2-15 四角帽

图 2-16 约翰·诺克斯帽[①]

就圆帽而言，都铎式帽成为当时最常见的博士学位帽，这种帽子有一个硬边和一个聚集的王冠形状，通常有一个扭转的绳索和流苏（tassel）围绕在王冠形状四周。剑桥大学博士的全套学位服都是搭配都铎式帽，但牛津大学仅限于音乐学博士、医学博士和民法学博士的全套学位服。

与圆帽相比，方形帽的演变则更多样化，从上述戈夫 1999 年的研究即可见一斑。最引人关注的是现代学位帽的诞生和衍生发展：方帽的一个演变方向是变得很大且松散下垂，这是现代学位帽或方帽（trencher cap）[②] 的起源，它实际上是在无边软帽上戴

① 图 2-8 至图 2-16 来源于：P. Goff. University of London Academic Dress[M]. London: The University of London Press, 1999: 22-23.

② 如前文所述，也有学者采用方帽的另一个英文翻译“mortarboard”，详见：马玖成 . 庆典服饰研究 —— 学位服 [J]. 艺术设计研究，1992(1): 21.

着过去的方帽，后来两者结合；到17世纪这种方帽由一个板子固定，绒球位于中间，在18世纪70年代被流苏取代；带有绒球的原始风格仍保留在剑桥神学博士服中，即“安德鲁主教帽”。

在上述帽子中，关于英国大学如何系统选择佩戴的研究并不多。诺斯研究发现，牛津大学学术着装的一个显著特点是，无论是登记册还是任何其他法规或条例均没有对特定学位的头饰做出任何规定。[①] 牛津大学在1920—2012年使用了三种帽子：方形帽子、都铎式帽和软帽。除了上述音乐学博士、医学博士和民法学博士的全套学位服搭配都铎式帽外，大学所有非毕业生，以及穿着所有类型学术服装（如便服、重大会议学术服装和全套学位服）的学位获得者都搭配方帽。不为人知的是，早期学生为佩戴合适的帽子经历了争取权利的过程。据吉布森（Gibson）介绍，在1769—1770年，一场著名的由自费生和工读生（servitor）发起的革命，就发生在剑桥大学和牛津大学，核心原因之一在于自费生和工读生认为他们佩戴与方帽不同的圆帽表明他们在大学地位低下，这是一种羞耻。经过斗争，最后达成一定程度的妥协，剑桥大学允许工读生和自费生戴方帽，牛津大学也允许工读生戴方帽，但没有流苏。[②]

（二）颜色与材质

1. 颜色

尽管上文在介绍长袍、连颈帽和帽子时已经提及颜色，但

① A. J. P. North. The Development of the Academic Dress of the University of Oxford 1920–2012[J]. Transactions of the Burgon Society, 2013(13): 101–141.

② W. Gibson. The Regulation of Undergraduate Academic Dress at Oxford and Cambridge, 1660–1832[J]. Transactions of the Burgon Society, 2004(4): 36.

这里仍需要系统介绍颜色在学位服中的角色和地位。我们不应小看颜色在服装研究领域的作用，如在中国古代，金黄色属于皇家专用颜色，普通老百姓是不能随便使用的。同样，大学学位服的颜色使用是受限的。最初的长袍，无论是封闭的斗篷外衣还是后来的短袍，可能是蓝色、棕色、绿色或其他颜色。从 15 世纪后期开始，深色成为主流；在 17 世纪，由于清教徒的影响，黑色成为规范，但是由于教皇或君主的特权，博士也有使用猩红色（scarlet）的传统，因为猩红色染料非常昂贵，因此具有一定价值。[①] 实际上，猩红色、紫罗兰色（violet）或紫红色（murrey）的长袍由 1533 年的禁奢法（*Sumptuary Law*）批准，猩红色在 1340 年已经被神学博士和基督教法规采纳。[②] 伦敦大学在 1844 年第一个系统确立了院系颜色（faculty colors）分类。[③] 历史上还发生过有名的“服色之争”，在 18 世纪的巴黎大学，穿猩红色礼袍为教授的特权，博士只有在替代教授讲课时才能穿猩红色的礼袍，平时只能穿皂色服装，这些未来的教授公开提出争取猩红色的权利，最后由巴黎议会裁决猩红色成为博士的标志。[④] 当然，现在情况有一点调整，比如在牛津大学，大型会议要求博士的长袍是猩红色，但其他场合则是黑色的便服长袍（undress gowns）。英国

---

① P. Goff. University of London Academic Dress[M]. London: The University of London Press, 1999: 15.

② N. Cox. Academical Dress in New Zealand[J]. Transactions of the Burgon Society, 2001(1): 18.

③ N. Groves. The Academic Robes of Graduates of the University of Cambridge from the End of the Eighteenth Century to the Present Day[J]. Transactions of the Burgon Society, 2013(13): 89.

④ 马久成，李军 . 中外学位服研究 [M]. 北京：中国人民大学出版社，2003: 22.

几所较新的大学在其学术着装体系中引入了多种不同的颜色。①

在学位服中，连颈帽衬里（hood lining）和连颈帽镶边的颜色分配与学科学位相对应。

考克斯发现，剑桥大学学士学位服的连颈帽衬里的颜色和各个院系（学科）是一一对应的（见表 2–2）。相比较而言，牛津大学的学士连颈帽衬里颜色系统主要有两种：文科学士和哲学学士为白色，神学学士为黑色；硕士连颈帽衬里颜色除了宗教学是品红色、文科硕士是深红色，其他也是白色。②

表 2–2 剑桥大学连颈帽衬里各院系颜色的分布 ③

学科	颜色	学科	颜色
文科	粉色	工程	蓝紫色
法学	浅蓝色	商科	橘黄色或黄色
医学	红紫色、深红色、淡紫色或丁香紫色	建筑学	青柠色或金莲花色
神学	紫色，或者谱系紫罗兰色	兽医学	深红色
音乐	白色	林学	深绿色
科学	深蓝色	哲学	猩红色

连颈帽镶边的颜色分配与学科学位相对应。表 2–3 是登记册中记载的牛津大学学位服连颈帽镶边的颜色，颜色系统包括白色、红色、黑色、中性灰色、紫色、黑色、甲虫绿色等。根据牛

① P. Goff. University of London Academic Dress[M]. London: The University of London Press, 1999: 16.

② University of Oxford. Academic Dress: Hoods[EB/OL]. [2020-08-30]. https://www.ox.ac.uk/news-and-events/The-University-Year/Encaenia/academic-dress.

③ N. Cox. Academical Dress in New Zealand[J]. Transactions of the Burgon Society, 2001(1): 15–43.

津大学毕业手册的介绍，这些颜色除了构成毕业典礼华丽的场面，更加深刻和重要的是颜色丰富性背后的历史渊源和含义，“颜色的多样是一个标志，它寓意着对不同观点的宽容，以及坚持自己观点的勇气，它代表各大学有责任确保这种‘探索的自由’”[①]。

表 2–3 牛津大学连颈帽的镶边颜色分布[②]

学位	颜色	学位	颜色
文科学士，医学士/外科学士，民法学士，音乐学士，文学士，理学士，文科博士，理学博士，哲学士，哲学硕士，研究硕士，艺术学硕士	白色	神学士，外科学硕士，民法博士，医学博士，音乐学博士，哲学博士	黑色
文科硕士，临床心理学博士	红色	教育学士，教育硕士	甲虫绿色
理学硕士，文学硕士	中性灰色	艺术学士	金色[③]
宗教学学士，宗教学硕士	紫色	工商管理硕士	深灰色

2. 材质

衣服的材质本身是等级的象征，自 1490 年以来，牛津的贵族有权穿上鲜艳的丝绸和绸缎长袍，这种材料强调了贵族的地位，昂贵的染料也是如此。[④]在某种程度上，那个时代的大学生在服饰上的穿着权利和贵族类似。1533 年服装禁奢法允许神学士和博士作为神职人员在其长袍里使用薄绸衬里，在紧身短上衣和无袖外衣中使用黑色绸缎，披肩、连颈帽或束腰带（girdles）使用

① 人民政协报 . 我亲历的牛津大学毕业典礼 [EB/OL]. (2016-06-29) [2020-07-12]. http://www.xinhuanet.com/politics/2016-06/29/c_129098227.htm.

② A. J. P. North. The Development of the Academic Dress of the University of Oxford 1920–2012[J]. Transactions of the Burgon Society, 2013(13): 101–141.

③ 不过牛津大学官网上显示艺术学士连颈帽镶边是白色，详见官网：https://www.ox.ac.uk/news-and-events/The-University-Year/Encaenia/academic-dress.

④ W. Gibson. The Regulation of Undergraduate Academic Dress at Oxford and Cambridge, 1660–1832[J]. Transactions of the Burgon Society, 2004(4): 28.

黑色天鹅绒。①

衣服材质与学位的地位和等级密切相关。1509 年都铎禁奢法令对服饰中皮草的使用做出严格限制，但是允许毕业生服饰中使用皮草，穿更长或更丰满的长袍，在这个相对较晚的阶段，这可能很好地表明皮草被认为是学位地位的标志。②另外，材质是厘定学位等级的鲜明特点之一。③本科生的连颈帽没有衬里，而硕士、博士的连颈帽则是用皮草、丝绸或其他材料作为衬里。现在在牛津大学，博士、硕士的连颈帽衬里普遍为丝绸，新兴的理工科硕士和文科学士则为人造皮草，仅有哲学和艺术等极少数学士的连颈帽衬里是丝绸，很少有学生的连颈帽衬里使用皮草，仅有学监的是白色貂皮。④

三、英国大学学位服的变革发展

下文将介绍 19 世纪后期以来英国大学学位服的变革发展，包括两部分：一是以牛津大学和剑桥大学为代表的英国大学学位服在本土发生的一些变化和发展；二是英国大学学位服向世界其他国家和地区的传播与发展。选择 19 世纪后期作为研究的时间

① N. Cox. Tudor Sumptuary Laws and Academical Dress: An Act Against Wearing of Costly Apparel 1509 and an Act for Reformation of Excess in Apparel 1533[J]. Transactions of the Burgon Society, 2006(6): 29.

② N. Cox. Tudor Sumptuary Laws and Academical Dress: An Act Against Wearing of Costly Apparel 1509 and an Act for Reformation of Excess in Apparel 1533[J]. Transactions of the Burgon Society, 2006(6): 25.

③ 马久成，李军 . 中外学位服研究 [M]. 北京：中国人民大学出版社，2003：21.

④ University of Oxford. Academic Dress: Hoods[EB/OL]. [2020-08-30]. https://www.ox.ac.uk/news-and-events/The-University-Year/Encaenia/academic-dress.

起点，主要有两个原因：第一，这段时间英国的牛津大学和剑桥大学开始集中新增学位，如剑桥大学 1878 年增加文学博士和理学博士学位，1893 年增加音乐硕士学位等[1]；第二，英国大学学位服传播的主要目的国开始有当地的早期学位服，如美国在 1887 年开始出现第一款毕业生学位服。[2]

（一）英国大学学位服的本土改革与发展

1. 牛津大学

诺斯在 2013 年发表的《牛津大学学位服的发展（1920—2012）》中提及了牛津大学的两次学位服改革的尝试。[3] 牛津大学 1895 年创建文学学士和理学学士学位，1900 年创建理学博士和文学博士学位，1917 年率先引进哲学博士学位，新学位的创建引起学者对学位服的辩论。当时还有一个重要背景是剑桥大学已完成 1932—1934 年的学位服改革。牛津大学的第一次学位服改革发生在 1941 年春季至 1954 年秋季，由牛津大学的学术服装研究专家查尔斯·弗兰克林（Charles Franklyn）提出，改革的目的是使学位服“更加符合历史传统”，主要内容是连颈帽的形状、颜色和材质，因为连颈帽旨在代表佩戴者在大学中的地位，但由于正处于“二战”期间，加上存在诺斯认为的“他（弗氏）将学

---

① N. Groves. The Academic Robes of Graduates of the University of Cambridge from the End of the Eighteenth Century to the Present Day[J]. Transactions of the Burgon Society, 2013(13): 75.

② R. Armagost. University Uniforms: The Standardization of Academic Dress in the United States[J]. Transactions of the Burgon Society, 2009(9): 138−155.

③ A. J. P. North. The Development of the Academic Dress of the University of Oxford 1920–2012[J]. Transactions of the Burgon Society, 2013(13): 101−141.

位服恢复到历史地位的目标是有缺陷的”，弗兰克林的改革方案一再搁置，直到被放弃。尽管如此，在这一过程中，弗兰克林提出了一些有趣的问题，如“大学学位服的性质以及它将如何适应未来”“如何改革今天的学位服”等。以哲学学士为例，它是未来半个世纪将出现的一系列连颈帽的第一个标志，该学位于1946年推出，最初被授予非专业学士学位，但很快成功获得自己的连颈帽。在诺斯看来，“这将预示着一个时代的发展方向：几乎每一个新学位都将被授予自己的连颈帽，无论其在大学中的地位如何”。

第二次改革发生在1992年，此次改革由制袍师提出，原因有二：一是新学位引入的需要，如教育学硕士、宗教学学士和宗教学硕士等；二是材料价格上涨，尤其是镶边，出于降低成本的考虑，制袍师希望对学位服进行一次批判性的审查。关于成本的问题，根据诺斯的研究，牛津大学由于成本问题对连颈帽衬里材质尝试过几次改变，“二战”前一直是兔毛，却一度差点更换为人造皮草，直到后来因制袍师的要求结束了连颈帽皮草衬里的历史。最终，尽管硕士学位的数量激增，但仍然坚持穿着学士学位服的原则，也没有新增学士学位，同时也不允许设立新的学位类别，如专业博士学位。由此看来，新学位在这次决议中并未成功获取自身礼服，决议也带来一定改变，取消了艺术学士和教育学士连颈帽的皮草，这一点与历史相悖，因为皮草是与学士学位相关的材质。此次改革的另一个想法是通过学位服的色彩设置，实行院系颜色制度，该做法以前在牛津大学历史上是没有的。然而，1992年改革的结果是通过在学士服连颈帽上引入狭窄的丝绸实现了院系制度。因此，诺斯评论道：“人们不禁会以为这些步骤是为了降低成本，而不是保持学术着装传统。”值得注意的是，诺斯认为，牛津大学的学位服体系发展的问题不只是成本控制，还在于牛津大学习惯采用示例性的法规体系，造成部分学位服的频繁改变，登记册中没有详细列出每一个学位的学位服，缺少一个简单和明确的管理制度和规范。

2. 剑桥大学

格罗夫斯将1932—1934年剑桥大学的学位服改革看作18世纪末至今200余年以来“最重要”的发展。[①]也可推断，剑桥大学的此次变革是促进弗兰克林推动牛津大学学位服变革的重要因素之一。在格罗夫斯看来，1800年至1934年期间，长袍非常稳定，主要区别在于博士连颈帽的丝绸衬里的颜色，以及分给法学士、医学士和音乐学士的连颈帽。以博士连颈帽的丝绸衬里的颜色为例，除了音乐学博士之外，其他的博士都穿着猩红色连颈帽搭配粉红色衬里，到了19世纪末开始分化，神学博士连颈帽的衬里颜色变为淡灰色，医学博士变为深红色，法学博士仍然是粉红色。文学博士和理学博士在这段时间引入，也被允许选择连颈帽衬里的颜色（甚至袍服的衬里颜色）。简言之，学位的地位变化是引起连颈帽变化的原因。与此同时，这段时间逐步奠定一个原则：“一个学位，一套袍服”。比如，四个原始的博士的节日礼袍由猩红色的布料、丝绸衬里构成，随着文学博士和理学博士的引入得以发展。这个原则通过将各种绳索、纽扣和花边缝在文科硕士的黑色礼服的不同组合来实现。

① N. Groves. The Academic Robes of Graduates of the University of Cambridge from the End of the Eighteenth Century to the Present Day[J]. Transactions of the Burgon Society, 2013(13): 74.

1932—1934年的改革之初，大学理事会任命了委员会研究学术服装的问题，并在1932年确定了三项重要原则。

一是，尽可能少地改变，仅在稀有和较新的学位上进行必要的改变，并且不引入新的颜色或材料；二是，建立某种设计上的一致性，使博士、硕士和学士学位各具有共同的特征，而各院系应通过其连颈帽和博士的节日礼袍上出现的特殊颜色以及它的黑色礼服的特别的特征以示区分；三是，使连颈帽或礼袍的所有者在转向其他学位时易于调整。①

1934年方案生效后，剑桥大学由原先的“连颈帽的等级系统”（每个学术等级对应一个连颈帽：学士、硕士、博士）过渡到完全基于院系颜色的制度，院系或者说学科是与连颈帽衬里的颜色相对应的。标志性事件是音乐学士获得属于自己的连颈帽，音乐学士原来使用的是文科学士的连颈帽，斯丹福德（Stanford）博士对此提出抗议，认为这会引起混乱，并由他领导发起变革，使得音乐学士的连颈帽的衬里颜色和音乐博士一样，衬里材料和文科学士一样，这项提议在1889年得到批准。1934年后，类似事件的发生如新增的工程硕士、理学硕士和数学硕士共用一套礼服，逐渐打破了“一个学位，一套袍服”的原则。原先剑桥大学的颜色仅限于黑色、白色和红色阴影系，现在可以通过硕士的连颈帽显示所有谱系的颜色。有意思的是，1934年，哲学博士没有

① N. Groves. The Academic Robes of Graduates of the University of Cambridge from the End of the Eighteenth Century to the Present Day[J]. Transactions of the Burgon Society, 2013(13): 88–89.

获得独立的袍服，而是使用文科硕士的礼服，这一局面至今仍未改变。

（二）英国大学学位服的海外传播与发展

随着英国的国力增长及在全球的殖民地扩张，英国的大学学位服也自然而然地传播到欧洲以外的一些国家和地区。如上文所述，牛津大学和剑桥大学是学术服装制度的开端和主要发展源头，美国、新西兰、加拿大等国的学位服都带有这两所大学深深的烙印。

1. 美国

艾玛古斯特将美国大学学位服超过100年的标准化过程介绍得甚为详尽。[①]1887年，美国第一款毕业生穿的学位服是由加德纳·库特尔·伦那德（Gardner Cotrell Leonard）设计，直接促进了1895年的首部标准化文件《美国学术服装守则》(*Academic Costume Code*）的出台，尽管不是强制性的，但却有95%的美国大学采纳。美国教育委员会（American Council on Education，ACE）对守则进行了修改，但较大的修改出现在1932年和1959年，1986年的微调主要体现在博士服的颜色。

美国学位服主要沿袭了牛津大学的传统，其长袍设计以牛津大学的文科学士的长袍为基础，但主要有两个变种 —— 传统的敞开款式和更简单的封闭款式，封闭款式礼服以其实用性和独特性著称，伦那德认为后者是美国独有的特色。不过此处有争议，因为从封闭式款式可以看到中世纪英国大学学位服的封闭斗篷的

---

① R. Armagost. University Uniforms: The Standardization of Academic Dress in the United States[J]. Transactions of the Burgon Society, 2009(9): 138−155.

影子。美国现代本科学位服的长袍，袖子虽然略尖，但没有传统的牛津版本那么明显，前面是封闭式；硕士应用的是牛津的第二种类型，袖子是封闭的，末端是方形，后部有弧形；博士袍具有开放的袖子，通常被称为“钟形”，前部的饰面类似于英国的博士服，每个袖子上增加了三个横条，这是美国人的独创。1932 年对三个横条的使用由“参考执行”变为“要求执行”。

连颈帽起初使用的是牛津简版，唯一的区别在于不同学位所用的长度。后来的连颈帽和牛津简版相比，有几个细微的差异：长度（学士 3 英尺或以下，硕士 4 英尺）、镶边的宽度以及博士学位服额外增加的镶条，但博士的连颈帽使用剑桥的完整形状（见图 2-7 左上角第一幅图）；帽子和牛津方帽一致，博士的学位帽的材质是天鹅绒，流苏是金色。

就材质来讲，起初本科生的长袍是精纺的，硕士和博士是丝绸的，饰面和饰条都应是天鹅绒的。将稀有的丝绸和天鹅绒用在更高级学位，这与英国一致。1932 年变革后发生如下变化：学士袍的材质除了精纺，也可以是黑色哔叽，硕士长袍由原先的黑色丝绸变得和学士一样，仅剩博士长袍仍是黑色丝绸。

在美国，连颈帽的镶边颜色表示院系的颜色。最初代表院系的颜色仅有 8 种，分别为文科 & 文学 — 白色、宗教学 — 猩红色、法学 — 紫色、哲学 — 蓝色、理学 — 金黄色、艺术 — 灰色、音乐 — 粉色和医学 — 绿色，1932 年的变革扩展到 22 种，与剑桥大学相比，是几乎全新的颜色系统。连颈帽镶边的颜色则可以用来区分不同的学位，也可以共享，这与英国大学又不一样，后者连颈帽镶边的颜色是约定俗成和详细规定的。1959 年的改革做了重大调整，原先使用连颈帽的镶边颜色表示院系则转为表示学科，但并不强行要求。美国大学用以表示院系或学科的是连颈帽镶边颜色，而英国的剑桥大学则采用连颈帽衬里颜色。

2. 新西兰

新西兰有着英国学术服装的悠久传统，随着19世纪大学的建立，学术风范通常以剑桥大学为蓝本。考克斯研究发现，新西兰的学位服虽然主要继承的是剑桥大学风格，然而却有所区别：（1）博士服实际模仿的是剑桥大学的硕士服；（2）大多数情况下只是使用剑桥模式的多彩饰面；（3）毛利人后裔的毕业生还会在学位服外面穿克如崴（Korowai）或羽毛披风；（4）近期一些理工学院和大学采用圣带代替学位连颈帽。新西兰改装版的学位服效果堪称为“一位新西兰毕业生在世界英美学术风气盛行的任何地方的聚会中都感到宾至如归”。[①]

3. 加拿大

加拿大的学位服体系同样是以英国学位服体系为基础建立。研究发现，加拿大高校沿用的是牛津大学和剑桥大学的学位服体系，如文科硕士、外科硕士的连颈帽和牛津大学一样，当然在各个大学，学位服也会有各自独特的风格。[②] 多伦多大学1868年在连颈帽上增加白色天鹅绒（现在为白色绳索）作为独特的标记。直到2007年，多伦多大学的学位服体系仍然忠于原始的体系，虽然学位数量增加迅速，但学士、硕士、博士连颈帽的基本元素

① N. Cox. Academical Dress in New Zealand[J]. Transactions of the Burgon Society, 2001(1): 15-43.

② M. C. Salisbury. ‘By Our Gowns Were We Known’: The Development of Academic Dress at the University of Toronto[J]. Transactions of the Burgon Society, 2007(7): 26.

仍然保留下来。

总体而言，在英国国内，随着越来越多的新的学位增加，以牛津大学和剑桥大学为代表的学位服体系有所变革与发展，其中，牛津大学通过变革确定新的学位可以获得自己的连颈帽，但不能获得自身的袍服，院系颜色系统始终未能建立起来；相比较而言，剑桥大学逐渐建立了“一个学位，一套袍服”的原则，但也受到新的学位共享一套学位服的挑战，院系颜色系统在1932—1934年的改革中成功建立。不管是牛津大学还是剑桥大学，除了新的学位增加之外，实际上还伴随着学者理论层面和制袍者实践层面以及成本控制等因素推动改革。核心动力可能还在于，本质上是学位、学科争取在大学的地位。与此同时，由于英国的殖民地扩张，美国、新西兰、加拿大等国的学位服受牛津大学、剑桥大学或两者共同的影响，但又会基于本土的文化特色，进行不同程度的调整。

四、讨论

通过上文的梳理，可以发现：历史起源方面，坎特伯雷大主教下令为所有世俗神职人员订购封闭式斗篷这一事件，将英国大学学位服的起源定格在1222年前后。文化意蕴方面，长袍分为学士、硕士和博士的类型，其间差异在于袖子造型，连颈帽作为学位服最重要的物件，是区分学位服的关键标志，帽子分为圆帽和方帽，颜色体现在连颈帽衬里或镶边，以区分学科或院系，不同材质的使用和学位等级相关。变革发展方面，牛津大学通过变革实现新增学位拥有独立的连颈帽，但不包括袍服，而剑桥大学新增的学位基本有相应的连颈帽和袍服，并且成功建立院系颜色制度。美国、新西兰、加拿大等国的学位服受牛津大学、剑桥大学或者两者兼而有之的影响，但同时能得到本土化的发展。

（一）英国大学学位服“路往何方”

综上所述，以牛津大学和剑桥大学为核心的英国大学学位服脱胎于宗教，随着日常服饰的影响、大学的发展、世俗政权和教权边界的进一步明晰，宗教元素有所褪去（但不是全部），形成相对独特的区别于宗教、法院等机构服饰的大学学位服，更加突出不同学位的等级系统。通过登记册管理制度逐步规范管理，保障了不同学位、学科在校园内部的地位，更加充分地体现社会对知识的尊重。英国大学学位服在本土和海外都有不同程度的变革与发展。

与此同时，随着越来越多学位的引入，以牛津大学为代表的一些英国大学学位服显示出一些问题。牛津大学学位服通过变革实现“新的学位有各自的连颈帽”，但并未实现类似剑桥大学的“一个学位，一套袍服”的原则，而后者也受到新的学位共享一套学位服的做法的挑战。牛津大学未实现院系的颜色系统，即“一个学科，一个颜色”，而这一制度和原则，伦敦大学1844年已经建立，剑桥大学也在1934年正式建立，学位服传播目的国代表——美国在1932年和1959年的变革中也逐步实现。上述原则本质在于新的学位争取大学内部权利和地位，新的学位各有其连颈帽的原则还给牛津大学带来财务问题的挑战。如上文所述，牛津大学学位服发展问题的背后是成本控制和登记册的管理低效。面对这种“杂乱无章的系统”，诺斯给出其解决方案：

（1）取消大学内所有与学术着装有关的法规、条例和法案，代之以一项详细说明每个学位的完整学位服的规章制度，容易获取并且能答疑释惑；（2）进一步考虑硕士学位的重要性和礼服的使用，给予学位获得者优越的地位；（3）最彻底的选择可能是对大规模的连颈帽进行合并，回到相似等级的人穿着一致的历史传统。[①] 其中，第三点能很好地应对成本控制问题。另外，诺斯的研究中多次提及剑桥大学的变革处处领先于牛津大学，成本控制方面亦无障碍，这从格罗夫斯对剑桥大学学位服200多年发展的研究可得到印证。剑桥大学的学位服系统在保留历史传统和现代学位服的层次对应方面也表现更佳。那么未来的研究者可以对剑桥大学的学位服发展进行更为系统、更为精深的专项研究，为解决以牛津大学为代表的各大学学位服发展面临的重大问题提供借鉴。

（二）弦外之音：对于中国学位服变革的启示

大学学位服源于以英国牛津大学和剑桥大学的学位服为核心传统的欧洲，对于非欧洲国家而言，学位服均是“舶来品”。作为“学习者”的国家和地区，在未来的学位服变革中，至少可以从牛津大学和剑桥大学的学位服发展与变革的经验、教训和挑战中获得三点启示。

一是学位服的国际化发展在于建立和维持两个国际通行的原则。1994年《国务院学位委员会办公室关于推荐使用学位服的通知》提出学位服设计的重要原则：“符合世界惯例、统一规范、中

① A. J. P. North. The Development of the Academic Dress of the University of Oxford 1920–2012[J]. Transactions of the Burgon Society, 2013(13): 101–141.

国特色”。英国大学学位服发展逐渐建立两个国际通行的原则："一个学位，一套袍服"，"一个学科，一个颜色"，均与大学内部学位、学科的地位密切相关，进一步降低学位服中过于明显的等级制度（尤其是同等级别的学位），也可以增加学位和学科的辨识度。"1994 版学位服"中仅仅规定了硕士服和博士服，比剑桥大学进步的是，我国博士学位获得者都有权利穿与学位匹配的袍服，而剑桥大学的哲学博士则只能穿文科硕士的礼袍；不能与之媲美的是，没有具体学位特有的学位服。但"1994 版学位服"没有对本科生的学位服做出规定。也有学者呼吁给高职高专毕业生赋予穿着学位服的权利，以及制作属于专业硕士、专业博士的学位服。① "1994 版学位服"仅仅按照文、理、工、农、医和军事六大类进行了学科颜色分配，这与英国牛津大学的传统路线和美国大学早期版本类似，但世界通行的规则是院系颜色制度，确保"一个学科，一个颜色"，至于颜色体现于中国的垂布饰边，还是英美的连颈帽的衬里或镶边，都是传统惯例，不必一致。未来中国学位服的变革需要遵守上述两个国际原则。

二是学位服的本土化发展在于中国特色"从部分转向整体""去宗教化"。"1994 版学位服"在体现中国特色方面已经做了一些努力，比如：（1）学位袍的前胸纽扣，采用中国传统服装的"如意扣"；（2）在学位袍的袖口处，环绕绣出（或印出）长城的城墙线；（3）垂布的面料图案采用中国传统的牡丹花，象征富贵、吉祥。② 然而，学位服仅仅增加部分中国特色元素，主体的

---

① 季文婷．中国学位服系统设计研究 [D]. 上海：东华大学，2013: 58−59.

② 马久成，李军．中外学位服研究 [M]. 北京：中国人民大学出版社，2003: 44.

袍服部分依然深度模仿西方学位服，这样的本土化程度还远远不够。英国学位服传播的国家，如美国、新西兰和加拿大，虽然实现一定程度的本土化，但袍服并未有大的改动，其款式固有的宗教遗迹和欧洲民间服装风格，乃至于有着浓厚宗教内涵的博士服的猩红色，仍然保持至今。当初“1994 版学位服”未考虑更多的中国传统的特色，学位服的造价和成本是关键的因素。中国大学学位服的变革应尽快确定“国服为本”之原则[①]，在系统研究中国古代服饰特色、民国时期学位服设计的基础上，对袍服进行更为中式化的改造，充分祛除其宗教元素，对学位服的颜色分配重新诠释内涵[②]，进一步推进中国学位服的本土化，以提升和巩固“国人对中华文化的自信”。[③] 即使在与英国同种同源的美国，其学位服也在牛、桥基础上改进调整，终成“美派”。

三是学位服的高效管理在于加强国家层面规章制度的可操作性和学校层面管理的精细化。当前国内的大学学位服的管理依据是“1994 版学位服”的通知，至今已经近 30 年。美国大学学位服管理的指挥棒是美国教育委员会出台的《美国学术服装守则》，以此为鉴，新的国家层面的规章制度可在上述 1994 年文件通知的基础上完善，推荐使用学位服的相关要求和指标尽可能具体，有利于院校执行操作，同时给高校留有一定自主权。大学层面也可以“有所为”，借鉴牛津大学的登记册制度，将学位服的构成、

① “国服为本”之原则，系杜祖贻先生 1999 年 11 月 2 日撰写的建议书《中国的大学礼服的设计须以国服为本》所提出。

② 比如，英美博士服的猩红色与宗教有关，而在中国服饰的颜色系统中，紫色和红色地位比较高，可以表示高一级的学位。

③ 来源：香港中文大学麦继强教授 2004 年 12 月 9 日的手书《学位服国有化刍议》，档案资料由杜祖贻先生提供。

颜色、材质以及背后的文化意蕴、学校特色等写成学位服使用手册，师生容易获取、参考，并考虑在大学博物馆或校史馆设置专展进行实物陈列，减少学位服设计和管理的混乱，增加学位服的统一性、规范性和适度的稳定性。

第三章　日本大学学位服

在大学的重大仪式中，学位服是学生、教师及领导学术身份的象征。学位服在日本的起源要追溯到1913年。当年，早稻田大学创办者大隈重信引入学位服，并在创立早稻田大学30周年庆典上首次启用（见图3-1），这一举措寄托了他对早稻田大学的国际性、革新性及挑战性的期望。在建校30周年庆典上，大隈重信与众多校领导身穿学位服，在一万余名学生和两千余名校友面前，带领三百余名教职人员举行了游行活动。[①]此后，早稻田大学的开学典礼、毕业典礼和纪念仪式等活动，都能看到校领导和教授身穿学位服出席。现在，早稻田大学校园内所设立的大隈重信和历任校长铜像，皆是身穿学位服的模样。

然而，在早稻田大学启用学位服之后，日本并没有出现穿学位服的潮流。“二战”结束后，才有个别升格为新制大学的教会大学开始在毕业典礼上启用学位服。

① 早稲田大学 . 早稲田の教旨 | 早稲田大学へのご支援をお考えの皆様へ - 世界で輝くWASEDAを目指して -[EB/OL]. [2020-08-25]. https://kifu.waseda.jp/about/mision.

图 3–1 1913 年早稻田大学创立 30 周年庆典现场[①②]

相较于私立大学，学位服在日本的国立大学中的历史较短。在 20 世纪 90 年代，还少有国立大学使用学位服。东京大学虽然 2002 年已开始策划设计学位服，但其正式采用是在 2004 年的国立大学法人化后。[③]此后，日本各地的国立大学也陆续设计并启用属于自己的学术服装。

在日文中，学位服一词被写作为“大学式服”，常被略称为

① 由左至右分别为早稻田大学教师大限信常、校长高田早苗和创立者大限重信。早稻田大学创立者大限重信所穿长袍为红色，其余人穿黑色长袍。

② 早稲田大学 . 戦前・戦後の最初の総長 [EB/OL]. (2020-07-01)[2020-07-06]. https://www.waseda.jp/inst/weekly/news/2020/07/01/75999/.

③ 東京大学広報委員会 . 東京大学の式服に関する了解事項 [N]. 学内広報，2003-02-13(2).

"式服"。日本的大学毕业典礼普遍于三月举行。现与国际接轨，许多大学开设了秋季入学项目，在夏季增设一次毕业典礼。在日本高校的毕业典礼上，常见的服饰有学位服、西装与和服。其中，历史最悠久的是和服，即袴装。毕业典礼上所穿袴装被称为"毕业袴"，需搭配振袖。袴装不仅代表了日本的历史和传统文化，也是地位和身份的象征，而女袴更是意味着日本女性长久以来社会地位的变化。在明治时期，袴装是女子学校的制服。由于当时能够进入学校学习的女性均为名门望族，穿戴袴装的女性成为广大民众憧憬的对象。时至今日，面对学位服、西装与和服这三种选项，仍有许多学生会选择象征日本传统文化的袴装，在女生当中更是主流。即便选择了学位服，也有不少人在长袍之下穿和服作为搭配。虽然和服并非学术礼服，但在日本高校的毕业典礼中是不可或缺的服饰。

截至2022年8月24日，日本四年制大学总数807所，其中，国立大学共86所、公立大学共101所，私立大学共620所，私立大学占据日本四年制大学的76.83%。[①] 目前日本设计了专属学位服的大学以私立大学为主，不少短期大学和高等专门学校的准学士学位获得者也会在毕业典礼上使用学位服，多数仅采用纯色长袍和方形礼帽。与此同时，在文部科学省的指导下，教育国际化快速发展，许多注重国际化和扩招留学生的大学都开始引入学位服，在典礼上穿戴学位服成为大学彰显自身国际化水平的一个标志，由此也引领日本学位服进入新的发展阶段。

---

① 文部科学省 . 学校基本調査 [EB/OL]. (2022-08-24)[2022-12-08]. http://www.e-stat.go.jp/SG1/estat/NewList.do?tid=000001011528.

日本大学在使用学位服的过程中有怎样的取向和分类？大学学位服在哪些场合使用？在重大仪式中呈现怎样的特点？作为国际上学位服文化的重要一环，关于日本大学学位服发展的系统研究具有较高的文化比较价值。

一、日本大学学位服的使用及分类

日本大学学位服普遍包括长袍、垂布和礼帽，也有学校用领带（stole）代替垂布，或不使用垂布。垂布的戴法包括传统兜帽式垂布和披肩式垂布两种，大多数学位服所配垂布为兜帽式。学位服主要通过垂布和长袍的颜色、长袍的花纹、有无垂布、垂布形状以及垂布佩戴方法等区分学校、专业和年级。学位服一般由校方统一设计，个别学校将设计学位服的权力分配给每一个学院或专业。下文将从日本大学学生和日本大学校级领导及教授两个层面切入，对不同高校学位服的使用取向和分类进行介绍。

（一）日本大学学生学位服的使用及分类

日本大学学生学位服的长袍颜色以深色系为主，配色以纯黑色最为常见，常见搭配为纯黑色加学校代表色，也有大学只在长袍上使用学校代表色。下文将梳理日本不同大学学生学位服的使用取向，并对垂布、礼帽和流苏的种类进行介绍。

1. 日本大学学生学位服的使用取向

使用学位服的取向包括全校统一样式、按学位层次区分和按院系/学科区分三种。

（1）全校统一样式

部分大学不按照学部和专业设计学位服，而是全校统一款式，不在垂布、流苏和长袍上做区分。全校统一款式的学位服普遍款式简约，多为私立大学，其中教会大学居多。如国际基督教大学[①]在2016年以前采用的学位服为男士无领、女士白领，硕士学位和博士学位获得者统一佩戴垂布。2016年春季起采用通身黑色的学位服，全校统一穿无领纯黑色长袍，头戴黑色方帽配黑色流苏，不佩戴垂布，不做男女区分。国立大学使用全校统一款式学位服的大学较少。如东京工业大学统一使用以黑色、蓝色为主色调的学位服，左袖上方佩戴学校徽章，长袍、披肩式垂布、礼帽和徽章共四件套。[②]全校同款学位服的国立大学还有横滨国立大学和千叶大学，但这两所大学的学位服都并非传统学位服。横滨国立大学全校统一只使用领带[③]，千叶大学则是全校统一穿丝质长袍[④]。图3–2为国际基督教大学学士学位服。图3–3为千叶大学学位服。

---

① 国際基督教ジェンダー研究センター. 卒業式着用のガウンについて[EB/OL]. (2016-03-16)[2020-07-07]. http://web.icu.ac.jp/cgs/2016/03/20160316.html.

② 東京工業大学生活協同組合 . ご卒業記念アカデミックガウンと記念写真撮影のご案内 [EB/OL]. (2020-03-01)[2020-07-07]. https://www.titech.ac.jp/event/pdf/event_24663.pdf.

③ 横浜国立大学 校友会 . フォトギャラリー　2016 年度 [EB/OL]. (2017-03-23)[2020-08-10]. http://koyukai.ynu.ac.jp/gallery/2016.html.

④ 千葉大学 . 日本の伝統美を活かした千葉大オリジナルアカデミックガウン [EB/OL]. (2008-03-18)[2020-08-11]. http://www.chiba-u.ac.jp/others/topics/info/2008-03-18.html.

图 3–2 国际基督教大学学士学位服

图 3–3 千叶大学学位服

（2）按学位层次区分

采取按学位层次区分学位服的大学，多数将学位服按照学士、硕士和博士分类，个别大学在此基础上将专业学位和学术学位的学位服再做区分。如东京大学，除学士学位服（见图 3–4）、硕士学位服（见图 3–5）和博士学位服（见图 3–6）之外，增加了法学专业硕士学位服。东京大学的学位服由每个学位所规定的长袍、垂布、礼帽和流苏四个部分组成，专业代表色的银杏徽章佩戴在左袖上方。全校统一戴附有黑色流苏的方形礼帽，学士学位服、硕士学位服和博士学位服采用同款黑底蓝边垂布，差别在于长袍的配色、后摆的长度和底部形状。法学专业硕士学位服则以黑色与红色作为主要色调。学士学位服的长袍颜色为纯黑色，长袍后摆底部为锥形[①]；硕士学位服的长袍颜色为黑色和天蓝色，

① 東京大学消費生活協同組合 . 学士 (Bachelor) 着衣イメージ[EB/OL]. [2020-08-06]. http://www.gown.utcoop.or.jp/size_clothing01.html.

长袍后摆底部为弧形[①]；博士学位服的长袍颜色为黑色和深蓝色，长袍无额外后摆[②]；法学专业硕士的长袍形状与博士学位服长袍相同[③]。法学以外的专业硕士统一穿硕士学位服。

图 3–4 东京大学学士学位服

图 3–5 东京大学硕士学位服

图 3–6 东京大学博士学位服

博士学位服的样式与学士或硕士学位服普遍存在较大差异。学历越高，学位服的构造、材质、花纹和配饰等越精美。如立命馆亚洲太平洋大学[④]，不同于大多数以黑色为学位服主色调的大

① 東京大学消費生活協同組合 . 修士 (Master) 着衣イメージ[EB/OL]. [2020-08-06]. http://www.gown.utcoop.or.jp/size_clothing02.html.

② 東京大学消費生活協同組合 . 博士 (Doctor) 着衣イメージ[EB/OL]. [2020-08-06]. http://www.gown.utcoop.or.jp/size_clothing04.html.

③ 東京大学消費生活協同組合 . 法科大学院 (Law School) 着衣イメージ[EB/OL]. [2020-08-06]. http://www.gown.utcoop.or.jp/size_clothing03.html.

④ 立命館アジア太平洋大学 . 2017 年春 学位授与式 [EB/OL]. (2017-03-17)[2020-07-08]. https://www.apu.ac.jp/home/news/article/?storyid=2852.

学，学士学位服和硕士学位服都以红色为主色调，红色长袍配红色方帽，不佩戴垂布，流苏为红色。博士学位服则是黑色与红色相间长袍，佩戴黑色圆帽，流苏为金色，垂布则是在正式毕业典礼时统一授予。名古屋学院大学的学位服同样根据学位和专业划分款式，长袍和垂布都存在较大差异。

公立国际教养大学[①]的学士学位服统一为长袍加礼帽，不戴垂布。硕士学位服和博士学位服统一佩戴垂布，其中硕士学位服的长袍与学士学位服同款，博士学位服在长袍前方和袖侧增加了绒布制作的黑色暗纹。学士学位服和硕士学位服的流苏为绿色，博士学位服的流苏为金色。

（3）按院系 / 学科区分

按照院系区分有两种情况：第一种是按照学科统一分类；第二种则是全校统一款式后，在细节上进行区分。如早稻田大学，纯黑色的长袍和纯黑色的方形礼帽为全校统一款式，垂布则由各学部、专业自行设计，保持了学校和院系的自主性与多样性。

2. 日本大学学生学位服的主要结构

（1）垂布

日本大学学生学位服所用垂布样式包括兜帽式和披肩式，个别大学使用领带代替垂布或是不佩戴垂布。

第一种是兜帽式或披肩式。兜帽式垂布可固定于前胸或颈部。固定于前胸的垂布包括尖底和平底两种，多数大学使用尖底，将底部固定于前襟。使用平底兜帽式垂布的大学甚少，如早

① 国際教養大学 . 2018 年国際教養大学卒業式・専門職大学院修了式を挙行 [EB/OL]. (2018-03-21)[2020-07-08]. https://web.aiu.ac.jp/aiutopics/36220/.

稻田大学部分专业的硕士学位服使用双色平底垂布。[1] 固定于颈部的垂布可用纽扣固定于颈前，也可直接勾在颈部。图 3–7 为平底兜帽式垂布，图 3–8 为勾于颈部的兜帽式垂布。

图 3–7 平底兜帽式垂布

图 3–8 勾于颈部的兜帽式垂布

部分大学把佩戴垂布作为身份转变的仪式，学位获得者在毕业典礼时上台，由校级领导或教授授予垂布。

使用披肩式垂布的大学较少。披肩式垂布固定于肩部两侧，相较于兜帽式垂布，披肩式垂布不易下滑，更为稳定。目前在日本使用披肩式垂布的有东京工业大学。

第二种是领带。领带的英语为“stole”。领带常见于天主教仪式中，但目前日本使用领带的高校普遍没有教会背景。佩戴方式有斜挎和两端垂直于胸前两种，可与长袍和礼帽搭配使用，也可与西装或和服搭配使用。领带一般印有学校名字、校徽和毕业

① 早稲田大学生活協同組合 . 卒業予定の方へ[EB/OL]. (2019-03-27)[2020-07-05]. https://www.wcoop.ne.jp/graduates/index.html.

年份。与学位服相比，领带成本低，易于每年制作新款。

图 3–9 斜挎式领带

图 3–10 垂直式领带

目前日本使用领带的学校有横滨国立大学①、京都大学②和早稻田大学的部分专业。其中横滨国立大学和京都大学并未设计完整的学位服套装，学生自由选择和服或是西装，在已有服装的基础上将领带垂于胸前两侧。京都大学仅为硕士学位获得者和博士学位获得者颁发不同颜色的领带，学士学位获得者无统一服饰。早稻田大学仅个别专业③使用斜挎领带代替垂布，与长袍和礼帽搭配使用。

---

① 横浜国立大学校友会 . フォトギャラリー　2016 年度 [EB/OL]. (2017-03-23)[2020-08-10]. http://koyukai.ynu.ac.jp/gallery/2016.html.

② 京都大学生活協同組合 . 学位ストール(博士号・修士号取得（見込）者のみ)[EB/OL]. [2020-08-10]. https://www.s-coop.net/graduation/graduate/.

③ 早稲田大学生活協同組合 . 大学院学位授与式アカデミックガウンレンタルのご案内 (商学研究科商学専攻)[EB/OL]. (2019-03-27)[2020-07-05]. https://www.wcoop.ne.jp/graduates/gown/gown-sho-s.html.

第三种是不佩戴垂布。许多注重国际化教育和通识教育，并以英文授课为主的大学都不使用垂布，只穿长袍、佩戴礼帽。全校统一不使用垂布的大学以私立大学为主，非教会大学包括宫崎国际大学①和立命馆亚洲太平洋大学②等，教会大学包括国际基督教大学等。

国际基督教大学、宫崎国际大学和立命馆亚洲太平洋大学在教育方针上高度相似，均为双语授课或英语授课，实行精英式小班教学，学生出国交换留学比例极高。宫崎国际大学外籍教师比例高达八成，是全日本外籍教师比例最高的学校。③

（2）礼帽与流苏

礼帽有方形礼帽和圆形礼帽两种，多数为方形礼帽。个别大学使用圆形礼帽，如立命馆亚洲太平洋大学的博士学位获得者。

流苏的颜色多使用学校代表色或学部代表色。流苏多为从帽檐一侧通过细线连接穗子，并下垂到帽檐一侧中央；另一种情况则是不用细线连接，直接将穗子固定在帽檐上（见图 3-11）。

---

① 宮崎国際大学 . 学生の声 . (2019-01-01)[2020-07-08]. https://www.mic.ac.jp/voice/international/archives/57.

② 立命館アジア太平洋大学 . 2017 年春 学位授与式 [EB/OL]. (2017-03-17)[2020-07-08]. https://www.apu.ac.jp/home/news/article/?storyid=2852.

③ 日本私立大学協会 . 日本初、全て英語で授業 リベラル·アーツ大学外国人教員比率は80%超 宮崎国際大学 [EB/OL]. [2020-12-01]. https://www.shidaikyo.or.jp/newspaper/rensai/middle/p3-2560.html.

图 3–11 直接固定于帽檐的流苏

（二）日本大学校级领导、教授学位服的使用

在引进了学位服的日本高校中，有不少高校仅校级领导和教授在重大仪式上使用，师生均在这些重要场合穿学位服的大学较少。有的学校虽引进了学位服，但并未强制要求校级领导和教授穿学位服，仍可以在教师阵容中看到西装或是和服。校级领导包括校长、副校长、理事、常任理事、学部长、前任校级领导等。校级领导的学位服分类包括以下四种：（1）全体校级领导和教授统一款式；（2）按最终学位学科划分，差别主要体现于垂布颜色；（3）按职位划分，校长和理事的服装普遍最突出；（4）穿毕业院校学位服。

校级领导与教授所穿学位服与学生的学位服普遍有明显区别，其中校长或理事所穿礼服与其他师生的学位服的差别最显著，主要体现于长袍花纹和垂布颜色。相较于学士学位服和硕士学位服，博士学位服一般更接近教授的学位服。

以早稻田大学为例，校级领导和教授的学位服在材质、款式和配色上都与学生的学位服有明显差别，且不同职位校级领导的长袍各具特征。不同于学生的丝质学位服，校级领导和教授的长袍为天鹅绒材质。垂布为尖底兜帽式，礼帽与博士学位获得者相同，使用方帽配金色流苏。校长所穿长袍以黑色与红色为主色调，两袖上方有三条金边红色条纹，垂布为红色，是全校唯一的红色垂布。前校长所穿长袍同样以黑色和红色为主色调，与现任校长的差别在于胸前无金色镶边，两袖无条纹，垂布颜色为最终学历获得学科代表色。常任理事、副校长、学部长等人则穿纯黑色长袍，搭配代表所属学科颜色的垂布。①

最后一种情况，就是每一位教师身穿自己最终学位获得学校的学位服，这种情况在日本较少见。在外籍师生占比高的大学的毕业典礼，就可以看到领导和教师阵容中色彩斑斓的学位服。图 3–12 为早稻田大学毕业典礼校级领导、教授学位服。

图 3–12 早稻田大学毕业典礼校级领导、教授学位服

① 早稻田大学 . 2018 年度卒業式を執り行いました[EB/OL]. (2019-03-27)[2020-07-05]. https://www.waseda.jp/top/news/64180.

二、日本大学学位服的使用特点

（一）多用于庆典场合

近年来，越来越多的高校在毕业典礼上使用学位服。与入学典礼相同，毕业典礼举办地点以礼堂为主，教会学校则在教堂内举行。不同于中国高校，日本大学毕业典礼没有拨穗环节，普遍以颁发学位证书为象征毕业的主要形式，也有个别学校选择授予垂布。毕业典礼的环节一般包括校长致辞、唱校歌、唱国歌和颁发学位证书等，具体内容和顺序因校而异。部分大学会将毕业典礼和学位授予仪式分两次举行，也有大学放在同一时间段举行。以东京大学为例，毕业典礼的流程如下：开幕式→颁发学位证→校长致辞→毕业生代表致辞→齐唱校歌→闭幕。[①]

教会大学会在重大仪式开场前增加宗教仪式，典礼的第一个环节通常是朗读《圣经》及祷告。除学位服以外，部分女子教会大学还要求佩戴白手套，并在毕业典礼开始前手持蜡烛做祷告（见图3-13）。学位服与白手套的搭配在女子教会大学中有着较为悠久的历史。早在20世纪50年代，就已有女子大学要求全体毕业生身穿学位服、佩戴白手套出席毕业典礼。[②]

虽然越来越多的高校在毕业典礼上引入学位服，但大多不做强制要求。因此，即使有的高校设计了属于自己的学位服，且开始倡导学生穿学位服出席相关仪式，多数情况下，学位服仍只是

① 東京大学．令和元年度 卒業式（対象：学部卒業者）[EB/OL]. (2020-03-23)[2020-07-07].https://www.u-tokyo.ac.jp/ja/students/events/h15_03.html.

② 聖心女子大学が2016年度卒業式を3月11日（土）に挙行．[EB/OL]. (2017-03-04)[2020-07-08]. https://digitalpr.jp/r/20633.

图 3–13 女子教会大学毕业典礼学位服

现场多种服饰之一。与此同时，学位服在日本高校学术典礼上的普及率不断提高，不仅出现在毕业典礼上，也出现在开学典礼和校庆等庆典活动上。个别高校要求学生在开学典礼上穿长袍，如基督教大学圣学院大学。[①]

（二）高校使用自主性强

学位服在日本大学的发展过程中体现出的最大特色在于高校使用自主性强，这主要源于日本高校类型多，难以统一。具体体现在以下两点。

第一是基于学生个人选择的服饰种类多样化。无论是否引进了学位服，多数学校的毕业典礼都能同时看到数种服饰，日本国民以往的整齐划一成为"异像"。这种多元化并非政府主导，而是各个高校和院系自主形成并演变而来的。学位服在日本的普及

① 聖学院大学 . 2019 年度 入学式 [EB/OL]. (2019-04-02)[2020-07-11]. https://www.seigakuin.jp/events/190402/.

率较低，绝大部分大学仍未开始使用学位服，而在已开始使用学位服的大学中，有的高校仅有校级领导穿学位服，有的高校让学生自由选择是否穿学位服，还有的高校规定博士或硕士学位获得者穿学位服。然而即使引进了学位服，也并不意味着会被学生广泛使用，明确规定师生必须穿学位服出席相关仪式的大学仍占少数。部分学校虽然引入了学位服，但毕业典礼上多数学生仍以男穿西装、女穿袴装为主，只有校长、副校长、理事和学部长等领导和教授穿学位服。因此，学位服、西装与和服同时出现在典礼现场的情况十分常见。如早稻田大学，虽然每年毕业季，校方都会倡导学生在毕业典礼上以学位服出席，但许多学生仍然倾向于穿西装或传统服饰，因此在毕业典礼上，总是可以同时看见多种服饰。多元化的服饰不仅体现于学生之中，也体现于教师之中。部分学校的毕业典礼上，不仅是学生，教师阵容中也能看到学位服、西装与和服等多种服饰。图 3–14 为日本大学毕业典礼学生服装。

图 3–14 日本大学毕业典礼学生服装

更具特色的是校风自由奔放的京都大学。犹如美国斯坦福大学历年毕业典礼都会举行的“古怪步行”（Wacky Walk）①，京都大学每年的毕业典礼上都有不少学生选择极具创造性的服饰，甚至打扮成电影或动漫中的人物，好似万圣节派对。由于极高的入学门槛和自由的校风，京都大学的毕业典礼被日本网民戏称为“最难出席的漫展”。②

第二是基于校方选择的学位服样式多样化。日本高校毕业典礼上的服装远不止于传统的学位服套装。有的大学设计了不同于传统学位服的独特学术穿着，如横滨国立大学和京都大学的领带；再如千叶大学设计的丝质长袍。尽管有明确的学位服，但大多数国立大学并无规定穿着。东京大学在其官方网站学位服介绍页面的首行标注：“本校根据学位规定了毕业服饰，特别是在毕业典礼·学位证书授予仪式上，可根据各位的需求自由穿着。”并在“自由”（日文写作“任意”）二字上加粗标注。③因此在毕业典礼上，仍可以看到各式各样的服装。有的大学仅要求硕士或博士学位获得者穿学位服，学士学位获得者则可自由选择服饰，如国士馆大学④；还有的大学仅要求博士学位获得者穿学位服，如名古屋

① Stanford News. What Graduates Wear to the Wacky Walk[EB/OL]. (2019-06-13)[2021-05-03]. https://news.stanford.edu/2019/06/13/graduates-wear-wacky-walk/.

② 京大卒業式は2018年も日本一参加するのが難しいコスプレ祭りだった. (2018-03-27)[2020-08-26]. https://reistenza.com/entame/kyoto-univ-graduationceremony.html.

③ 東京大学 . 式服（アカデミックガウン）について[EB/OL]. (2003-01-20)[2020-07-05]. https://www.u-tokyo.ac.jp/ja/students/events/h15_08.html.

④ 国士館大学 . 平成28年度国士舘大学卒業式を挙行しました[EB/OL]. (2017-03-20)[2020-07-23]. https://www.kokushikan.ac.jp/news/details_10242.html.

大学[①]。整体而言，学历越高，在毕业典礼上穿学位服的比例也更高。尽管如此，仍有许多大学的硕士或博士学位获得者在毕业典礼上选择穿西装或和服。

有异于日本人崇尚集体主义的特质，在日本高校的毕业典礼中，整齐划一的现场并不常见。毕业典礼和二十岁成人礼一样，被许多人当作展现自我的场合，挑选自己喜欢的服装成为一大乐趣。在大学校园中，时下流行的服装、发型、发色和饰品，总会迅速地在学生中传播开。在毕业典礼上，即使校方设计了学位服，仍然难以看到全校统一服装的场景。多数学校会根据学位和学科做出区分，全校统一款式的高校占少数，包括部分以国际化教育为主的私立大学、教会大学（尤其是女子教会大学）和个别设计了独特款式学位服的国立大学。这些全校使用同一款式学位服的高校还有一个共同点，就是多数不使用垂布。至于为何重视国际化的大学和教会大学倾向全校统一款式，为何都不使用垂布，目前暂未找到合适的答案。

（三）学生使用比例较低

学生中使用学位服的比例低的原因有二：一是学位服费用较高；二是学位服使用率低。无论是穿学位服还是穿和服出席毕业典礼，都会由于购买或租赁服饰而产生费用。使用学位服的学校一般在每年一月到二月出租或出售学位服。东京大学的学位服出租价格为本硕博学位服一次 11000 日元（约合人民币 694 元）、法学专业硕士学位服一次 12760 日元（约合人民币

① 名古屋大学院理学研究科 . 平成 25 年度卒業式のご報告 [EB/OL]. (2013-03-25) [2020-07-08]. http://www.bio.nagoya-u.ac.jp/album/140325.html.

805元），购买价格为本硕博学位服45834日元（约合人民币2891元）、法学专业硕士学位服58056日元（约合人民币3662元）。[①] 由于学校库存学位服数量有限，东京大学以先到先得的形式出租或出售。因此，在毕业典礼上看见各式各样的学位服也不足为奇。早稻田大学租用学位服的价格则相对低廉，个别研究科不向学生收取费用，如会计研究科[②]，其余研究科多为5500日元（约合人民币347元）一次。[③] 因此，学生如果选择在毕业典礼上穿西装，本身可以省去一笔开销。而袴装和振袖作为日本传统服饰，在民众间普及率较高，许多学生本就备有自己的和服，尤其是大学毕业生，许多人留有二十岁成年礼时所穿和服。这一传统不仅体现于日本学生之中，就连许多留学生也会选择在毕业典礼这一重要的时刻穿和服。在留学生占比近半，且全校统一穿学位服的立命馆亚洲太平洋大学，也能在毕业典礼现场看到个别身穿和服的留学生。因此，相较于选择学位服，西装与和服更容易被大众接受。不少日本高校毕业生对于校方强制要求租借学位服表现出反感，也是出于开销大和学位服整体接受度低的原因。

（四）国际化大学使用率高

目前日本已明确要求全体毕业生在相关场合穿学位服的高校

① 東京大学消費生活協同組合 . アカデミックガウン受付サイト[EB/OL]. [2020-08-06]. https://www.gown.utcoop.or.jp.

② 早稲田大学生活協同組合 . 大学院学位授与式アカデミックガウンレンタルのご案内 (会計研究科)[EB/OL]. (2019-03-27)[2020-07-05]. https://www.wcoop.ne.jp/graduates/gown/gown-ka.html.

③ 早稲田大学生活協同組合 . 大学院学位授与式アカデミックガウンレンタルのご案内 (早稲田大学ビジネススクール 日本語版)[EB/OL]. (2019-03-27)[2020-07-05]. https://www.wcoop.ne.jp/graduates/gown/gown-sho-b.html.

有两个共同点：首先，在办学形式上，以私立大学居多；其次，在办学方针上，多为注重国际化教育和通识教育，并以英语或双语授课为主的大学。或是师生中外籍比例高，或是学生出国交换留学比例高，国际化是这些学校共同的标签。由于国际化的校风和高比例的外籍师生，师生总是身穿统一的学位服，有的学校甚至在开学典礼也要求全体师生穿长袍。在其他大学是主流的袴装配振袖的装扮，在这些大学的毕业典礼上都很难见到。学位服之所以在这些国际化的私立大学中被广泛使用，是由于部分学校对于学生在毕业典礼上的穿着要求较为严格，这在教会学校中最为明显。在重大场合总是整齐划一的装扮，这也体现出了日本式的“服从”。

三、结语

学位服在日本的历史较短。出于社会价值观和开支等因素，袴装配振袖的传统搭配和普及率极高的西装成为多数学生的首选。学位服的引入并不等于彻底代替传统的西装与和服。

日本大学学生学位服的使用取向包括以下三种：(1）全校统一样式；(2）按学位层次区分；(3）按院系 / 学科区分。学位服长袍以深色系居多；垂布样式有兜帽式和披肩式，部分院校使用领带代替垂布，亦有国际化大学不使用垂布；礼帽有方形礼帽和圆形礼帽两种，多数为方形礼帽。流苏的样式多为从帽檐一侧通过细线连接穗子，并下垂到帽檐一侧中央；第二种情况则是不用细线连接，直接将穗子固定在帽檐上。日本大学校级领导、教授学位服分类包括以下四种：(1）全体校级领导和教授统一款式；(2）按最终学位学科划分；(3）按职位划分，校长和理事的服装普遍最突出;（4）穿毕业院校学位服。现今，学位服在日本大学的使用场合不再局限于毕业典礼，也包括开学典礼和校庆等重大仪式。而在重大仪式中，日本学位服呈现出以下四个特点：一是多用于庆典场合；二是高校使用自主性强；三是学生使用比例较低；四是国际化大学使用率高。

开始采用学位服的日本大学，多数并未强制要求学生在相关仪式上穿学位服，而是让学生自由选择。然而，学位服在日本的大学仪式中并未普及，多数情况仅台上的校级领导、教授和学生代表穿学位服。在个别引入了学位服的学校的毕业典礼中，无人穿学位服的情况也时有发生。多种服饰的并存，给日本高校的毕业典礼带来了多元化的色彩。这在总是“整齐划一”的日本社会中是极其罕见的一道风景。日本学位服虽系“舶来品”，但其使用及形制自有其特色。

第四章　中国古代士子服饰

改革开放后，伴随着我国高等教育事业的发展，学子在毕业典礼上穿着学位服逐渐成为一种现实需求。从20世纪80年代末开始，国内一些高校便开始尝试自主设计具有特色的学位服。1994年，国务院学位委员会办公室主持制定了一套学位服式样并推荐全国高校使用，这标志着我国高校学位服的制式有了行政上的明确规定。21世纪以来，学子们对个性化的追求不断增长，越来越多的高校开始设计本校专属的学位服，这一现象在近些年表现得尤为突出。然而，各学校所设计的学位服在式样、文化底蕴等方面参差不齐，并不时有奇装异服出现。鉴于此，如何设计出既能彰显民族服饰文化特色又能兼顾美观和实用的大学学位服，应该成为服饰文化研究者、教育行政部门和高校管理人员所关注的问题。本章旨在借助对中国古代士子服饰的研究，呼吁有关各方在设计大学学位服时继承和发扬中国古代服饰文化的优良传统，并突出学位服的教化功能。

一、中国近现代大学学位服的历史与1994版学位服的诞生

中国近代大学的学位服首先是从中国的一些教会大学中引进的，具体出现的时间目前尚不明确，大约从19世纪末20世纪初开始，一些教会大学的毕业生便开始穿着学位服参加毕业典

礼。1915年，袁世凯政府颁布《特定教育纲要》(下文简称《纲要》)，其中规定除了国立大学的毕业生外，应该按照所习学科分别授予其他学校的毕业生“学士”“硕士”“技士”学位；《纲要》还同时规定：“学位规定后，政府应颁布学位章服，以表彰其学迹。”① 不过，从目前的资料来看，除了教会大学外，中国大学直到20世纪20年代才开始出现学生在毕业典礼时穿着学位服的情况，并且在全国层面也没有统一规定。② 直到1935年4月22日，国民政府立法院才正式通过并颁布了《学位授予法》，其中规定“学位分学士、硕士、博士三级”③，这标志着全国层面的三级学位制度正式建立。然而，由于这一时期国内研究生（尤其是博士研究生）的培养能力有限，因而直到1945年抗战胜利后，国民政府也只是在制度层面审定、颁布了1940年由教育部学术审议委员会讨论通过的《博士学位评定组织法》和《博士学位考试细则》这两份法规，但博士培养和博士学位的授予并没有真正落实过。④ 学位制度没有真正落实，与之相伴的学位服体系也就没有过全国层面的统一实践，到1949年中华人民共和国成立之前，各大学仍然是校自为政，学生毕业时或穿着学位服，或不穿学位服。

中华人民共和国成立后，党中央和中央政府十分重视我国学

---

① 王文杰．民国初期大学制度研究（1912—1927）[M]. 上海：复旦大学出版社，2017: 144.

② 梁惠娥，周小溪．我国近现代学位服的历史渊源 [J]. 艺术百家，2011(7): 139-142.

③ 王文杰．民国初期大学制度研究（1912—1927）[M]. 上海：复旦大学出版社，2017: 303.

④ 周洪宇．学位与研究生教育史 [M]. 北京：高等教育出版社，2004: 305.

位制度的建设，在20世纪50年代和60年代曾分别尝试建立过学位制度，但均未成功实践。第一次是在1954—1957年，林枫等人主持起草了《中华人民共和国学位条例（草案）》，后因反右派运动的开展而未通过；第二次则是在1961—1964年，聂荣臻主持制定了《中华人民共和国学位授予条例（草案）》，但因当时“左”的思想的影响，草案未能通过法律程序，因而也被搁置。[①]由于“文化大革命”之前两次尝试建立学位制度均未能成功以及“文化大革命”期间我国高等教育事业受到重创，因此，在新中国建立之后的相当长一段时间内，我国高校毕业生均没有统一式样的学位服，反而“学位服一度被视为‘形式主义’而取消”[②]。

改革开放后，我国高等教育事业恢复发展。1980年2月12日，全国人大常委会通过了《中华人民共和国学位条例》(2004年，全国人大常委会又对《条例》做了修订和完善并对外公布)，标志着新中国的学位制度正式建立。1992年，国务院学位委员会决定，就学位服有关问题展开研究。1993年，国务院学位委员会办公室与北京服装学院组成“建构中国现代学位服体系”联合课题组，对如何设计中国大学学位服展开了研究。1994年5月10日，国务院学位委员会印发了《国务院学位委员会办公室关于推荐使用学位服的通知》，规定了“一套既有中国特色又符合世界惯例、统一规范的学位服”(即“1994版学位服”)，向各学

① 刘晖，侯春山．中国研究生教育和学位制度[M]. 北京：教育科学出版社，1988: 111-112.

② 张超．学位服：舶来品刮起“中国风”[M]// 孟春明，郝中实，肖雯慧．万物搜索（下）．北京：北京日报出版社，2016: 343.

位授予单位推荐使用。[①] 此次规定的学位服由学位帽、流苏、学位袍和垂布四部分组成（见图 4–1）。其中，学位帽是方形黑色，流苏则挂在帽顶的帽结上，垂布为套头三角兜型，佩戴在袍服外面。根据学历、学科和身份的不同，学位服在颜色和式样方面也有所不同。

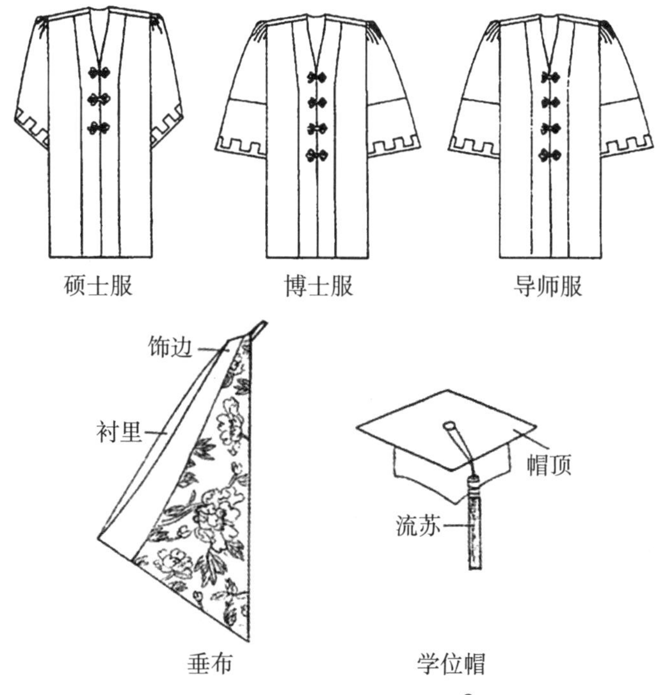

图 4–1　1994 版学位服简样 [②]

① 国务院学位委员会办公室，教育部研究生工作办公室．学位与研究生教育文件选编 [M]. 北京：高等教育出版社，1999: 409–411.

② 图片来源于《国务院学位委员会办公室关于推荐使用学位服的通知》中附件《学位服简样》。

二、1994 版学位服在文化上的不足及国内高校的创新尝试

（一）1994 版学位服在文化上的不足

笔者认为，1994 版学位服在文化上主要有三点不足。

第一，西方色彩浓厚，学位服的文化意蕴不明晰。比如 1994 版学位服的袍子有浓厚的宗教色彩。在西方大学诞生之初，教师都是由宗教教士担任，因而教士们的穿着便是最初的学位服的式样，而长袍便是教士们的日常穿着之一。至于长袍的造型，一是由于中世纪时期，教会强调禁欲主义，否定人体之美，因而袍服都十分宽大以遮蔽形体；二是欧洲的许多大学都处于湿寒地区，教堂建筑高大透风，长袍有利于防寒保暖。再比如 1994 版学位服的垂布亦有着深厚的西方历史渊源。“垂布”的前身是西方的“连颈帽”，又称“查普罗”（chaperon），这种连颈帽通常与披风合在一起，并且很早之前就已出现，罗马时期，人们将其称为“库库勒斯帽”（cucullus），并用其抵御寒冷。连颈帽的形制在后来的历史发展中发生了变化，一方面是披风部分变短，另一方面则是帽兜部分变得很长，人们称其为“利瑞管”（liripipe，亦可译为“利瑞比比安帽”）（见图 4–2）。“利瑞管”有着很好的实用功能，人们可以通过它轻松地将帽子戴上或摘下，也可以将其缠在脖子上以抵御寒冷（起着围巾的作用），还可以将它放在胸前或者背后，以保持连颈帽的平衡等。[①] 总的来看，1994 版学位服的西方色彩是十分鲜明的，其形制往往出于实用考量，但其文化意蕴却不甚明晰。

---

① 马久成，李军 . 中外学位服研究 [M]. 北京：中国人民大学出版社，2003: 15.

图 4–2 利瑞管[①]

第二，中国特色单薄，对中华民族的服饰传统挖掘不够。作为“建构中国现代学位服体系”联合课题组的主要负责人，北京服装学院已故学者马久成和原国务院学位办副主任李军曾在《中外学位服研究》一书中表示，中国服装的特色主要表现在服装面料的图案、纽扣和小立领方面，但是出于对世界惯例和学位服整体效果等方面的考虑，1994 版学位服的学位袍并没有采用立领。1994 版学位服的中国特色主要体现在以下几个方面：第一，为了节约成本，减轻学校和学位获得者的负担，学位袍上并没有采用龙、凤、牡丹花等图案，而代之以长城的城墙线；第二，学位袍的前胸纽扣被设计成中国传统服装的如意扣；第三，垂布兜帽上的图案采用了牡丹花（见图 4–3）。马久成和李军表示，如意扣“既有民族特点，又将实用功能和装饰作用巧妙地结合起来”，长城的城墙线既能表现中国特色，同时“又使宽大的袍袖富于变化

① 辅仁大学织品服装学系《图解服饰辞典》编委会编绘 . 图解服饰辞典 [M]. 台北：辅仁大学织品服装学系 , 1986: 445.

感”，而牡丹花则表示富贵吉祥。[1]在笔者看来，长城、如意扣、牡丹花这些元素固然是中国化的体现，但仅仅是这样的设计，不免辜负中华民族几千年来的灿烂服饰文化。一方面，学位服的整体式样仍然是西式的，中国元素的局部添加无法消除学位服的西方历史色彩；另一方面，这些中国特色的元素是否最能够彰显学子身份？是否能够与学术精神和学术伦理相联系？很显然，1994 版学位服的设计者们在这些问题的考虑上还比较欠缺，也没有充分挖掘中国古代服饰文化宝库，寻找更加合适的元素和设计灵感。

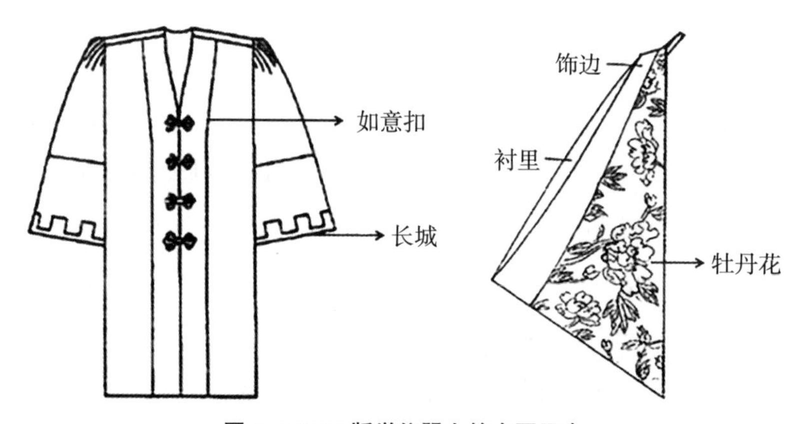

图 4–3 1994 版学位服上的中国元素

第三，教化功能欠缺，忽视了学位服的教育作用。毕业典礼和学位授予仪式是学生走出学校前的最后一堂教育课，学校本可以通过服饰和仪式的双重作用给学子们上好这最后一课。然而，1994 版学位服在教化功能上的欠缺导致学位服的教育作用没有得到有效发挥，学子们对自己所穿的学位服有着怎样的历史和文化

① 马久成，李军. 中外学位服研究 [M]. 北京：中国人民大学出版社，2003: 44–45.

底蕴并不清楚。进一步来讲，1994 版学位服在教化功能上的缺失与中国古代重视服饰的教化功能的传统也是不相称的。我们将在下文中看到，无论是古制深衣还是在其基础之上重新设计的明代襕衫，都有着鲜明的教化功能，与之相比，1994 版学位服的教化功能则相形见绌。

（二）国内高校对 1994 版学位服的创新尝试

21 世纪初，国内曾掀起过一波创新中国大学学位服的热潮。2007 年，全国人大代表、西南大学文学院院长刘明华建议，应在中国的博士、硕士和学士三大学位授予时，穿着汉服系列的中国式学位服。同一年，北京大学和西安交通大学分别举办了中国大学学位服设计的活动。近几年来，随着文化生活的极大丰富和各高校彰显学校文化的需求，越来越多的高校开始尝试设计本校专属的学位服，比如北京服装学院、中央美术学院、中国美术学院、清华大学和中山大学等。然而，各高校所设计和改良的学位服质量参差不齐，并且时有奇装异服出现。比如，中央美术学院 2017 年自主设计的学位服便因设计过于“活泼”而受到学生们的调侃；[①] 再比如厦门工学院 2019 年自主设计的学位服因样式形似“道袍”“寿衣”而引起热议。[②]

令人欣慰的是，亦有部分高校及其师生注重研究中国古代的服饰文化，并在设计学位服时将历史和传统元素加入其中。比如同样是中央美术学院，其在设计 2020 届毕业生的学位服时，便

---

① 苏坚 . 央美这个“自主设计”的学位服，到底在闹哪样……[EB/OL].（2017-06-25）[2021-05-19]. https://www.sohu.com/a/151949960_617374.

② 许蔚菡 . 厦门工学院自主设计学位服引热议 设计方：本意中西结合 [EB/OL].（2019-06-27）[2021-05-19]. http://www.mnw.cn/xiamen/news/2173535.html.

舍弃了原来的四方帽，而换成了改良后的“四方平定巾”，垂布则换成了“云肩”，而原来立体剪裁的袍服也改成了平面剪裁的深衣制，整体样式十分美观（见图 4–4）。[①] 再比如中国美术学院于 2013 年采用的首套中式学位服便用心挖掘了中国古代传统，彰显了学位服背后的文化底蕴和教化功能（见图 4–5）。在该套学位服中，设计者将流苏从学位帽上转移到了胸前，并在 40 厘米长的流苏中融入了中国“磐结”设计，寓意“学子在社会道路上如磐石般坚韧沉着”，同时也有着“学子与母校之间情感与学识的纽带结系”以及“毕业学子是母校结出的硕果”的象征意蕴。同时，在学位服的制式、材料和颜色等方面，设计者也颇多良苦用心，比如设计者借鉴了中国古代的“五方正色”，将其分别赋予院长、学士、硕士、博士和导师，以表示“清明、谦逊、中正和志坚的理想内涵”。[②]

就国内高校对学位服的设计与改良来看，笔者需要指出以下两点：第一，我国高校近些年来对学位服的设计与改良，多注重从美学角度入手，但对学位服的教化功能重视不够，而这恰恰是中国古代服饰文化极为重要的组成部分，为此，必须在设计与改良学位服时加强对中国古代服饰文化尤其是士子服饰文化的研究。第二，学位服的设计不应过于个性化，也不应过于新潮和时尚，而必须考虑到学位服的严肃性和教育作

① 央美为毕业生邮送“专属学位服”，网友：好美，羡慕哭了 [EB/OL]. (2020-06-30) [2021-05-18]. https://www.thepaper.cn/newsDetail_forward_8053358.

② 王婷 . 首套中国式学位服亮相中国美院 一身阳光，向校园告别 [EB/OL]. (2013-06-26) [2021-05-19]. http://zjrb.zjol.com.cn/html/2013-06/26/content_2203802.htm?div=-1.

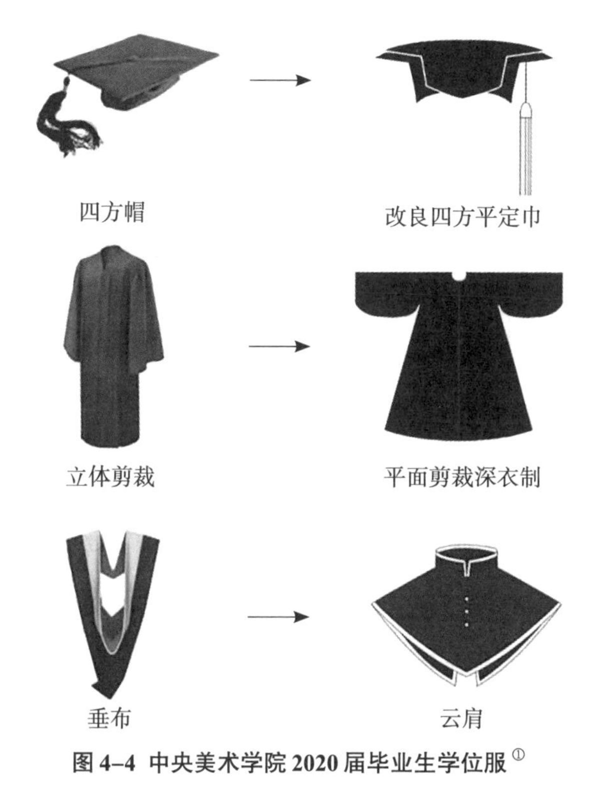

图 4–4 中央美术学院 2020 届毕业生学位服[①]

图 4–5 中国美术学院的中式学位服[②]

① 央美为毕业生邮送“专属学位服”，网友：好美，羡慕哭了 [EB/OL].(2020-06-30) [2021-05-18]. https://www.thepaper.cn/newsDetail_forward_8053358.

② 独家定制、细节满满，这些学位服有点不一样 [EB/OL].(2022-06-11) [2022-08-18]. https://new.qq.com/rain/a/20220611A05XQ700.

用，正如1994年《国务院学位委员会办公室关于推荐使用学位服的通知》中所指出的："实行学位服，是一项严肃认真的工作。"[①]

三、回归历史：找寻学位服本土化设计的传统灵感

中华民族的服饰文化历史悠久、博大精深，《周易·系辞下传》中有"黄帝、尧、舜垂衣裳而天下治"[②]的记载，孔颖达疏《左传·定公十年》中也有"中国有礼仪之大，故称'夏'，有服章之美，谓之'华'"[③]的说法，可以说，自有华夏以来，便有服饰文化。为了设计出本土化的中国大学学位服，宜对中国古代士子服饰进行研究，以有所助益。

（一）古代士子服饰之形制

中国古代"衣裳"由上半部分的"衣"和下半部分的"裳"组成。按沈从文和王孖的观点，"由商代到西周，是中国奴隶社会的兴盛时期，也是区分等级的上衣下裳形制和冠服制度以及服章制度，逐步确立的时期。"[④]根据"衣"与"裳"是否相连，我们可以将中国古代的服饰分为两大类型：一是上衣下裳不相连的制式，二是上衣下裳相连的制式，后者即人们所熟知的"深衣制"。

据《礼记·深衣》记载，深衣的制式为"短毋见肤，长毋被

---

① 国务院学位委员会办公室，教育部研究生工作办公室．学位与研究生教育文件选编[M]. 北京：高等教育出版社，1999: 410.

② 宋祚胤，校注．周易[M]. 长沙：岳麓书社，2000: 349.

③ 十三经注疏（下）[M]. 上海：上海古籍出版社，1997: 2148.

④ 沈从文，王孖．中国服饰史[M]. 西安：陕西师范大学出版社，2004: 16.

土”“续衽，钩边，要缝半下。袼之高下可以运肘，袂之长短反诎之及肘”“制：十有二幅，以应十有二月。袂圜以应规，曲袷如矩以应方，负绳及踝以应直，下齐如权、衡以应平”。[①]按此文字记载，南宋的朱熹（见图4–6）、明末清初的黄宗羲、清代的江永和任大椿、现代的沈从文等人都曾考订过深衣制式及其剪裁，但并未达成共识。

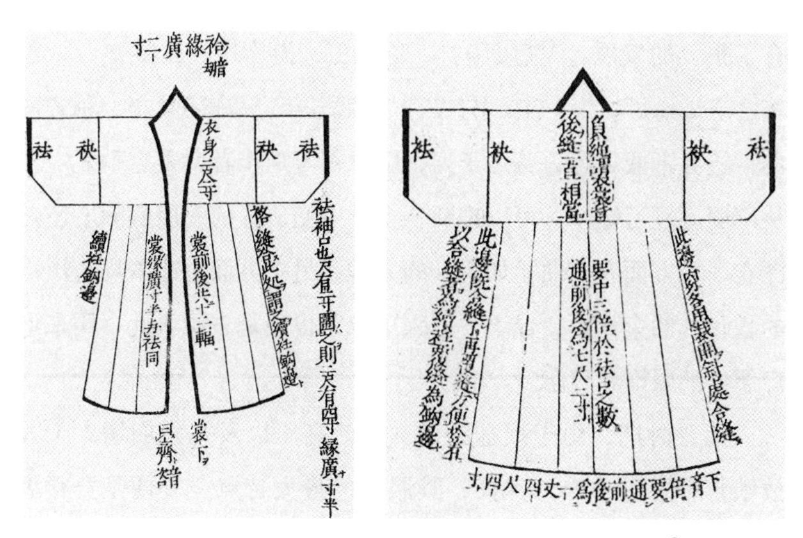

图4–6 朱熹考订的深衣正面（左图）和背面（右图）[②]

由于历史久远、史料有限，我们今天还无法对先秦时期的服饰进行详细考证，但士大夫和读书人以深衣为主要服饰当是无误的。《礼记·儒行》云：“鲁哀公问于孔子曰：‘夫子之服，其儒服与？’孔子对曰：‘丘少居鲁，衣逢掖之衣。长居宋，冠章甫之

①（元）陈澔，注．礼记[M]. 金晓东，校点．上海：上海古籍出版社，2016: 652–653.

②（宋）朱熹．家礼·图·上[M]. 日本：积玉圃，1697.

冠。丘闻之也：君子之学也博，其服也乡。丘不知儒服。'"[①]著名理学家吕大临指出，古时服饰有着严格的等级差异，春秋时期社会逐渐走向礼崩乐坏，服饰之间的等级差别逐渐消弭，只有儒士还遵守法度，因而将其所穿之衣称作"儒服"。吕大临还指出，所谓"逢掖之衣"这样的大袖衣服其实就是深衣，从孔子年少时穿逢掖之衣可知，当时的童子也穿深衣。[②]

秦汉以来，士人依旧多穿儒服。汉光武中兴以后，教育事业有了很大的发展，"其服儒衣，称先王，游庠序，聚横塾者，盖布之于邦域矣"[③]。《后汉书》云："建武五年，乃修起太学，稽式古典，笾豆干戚之容，备之于列，服方领习矩步者，委它乎其中。"从"服方领习矩步"可以推断，太学生们所穿的衣服实际上还是深衣，一方面有"曲袷如矩"的方领，另一方面也起着规言矩行的教化和约束作用，成语"方领矩步"也正是来源于此，用来形容儒生的服饰和容态。

魏晋时期，由于战乱频仍、政治高压以及礼教崩塌，士人放浪形骸、追求自然风尚，其服饰的最大特点之一便是宽衫大袖、褒衣博带。深衣的衣袂（袖子）宽大而衣袪（袖口）略微收小，然而从著名的竹林七贤的服饰来看（见图 4–7），衣袪部分似已去除，而只剩下宽大的衣袂。这一现象的出现除了有士人们反对名教、放浪形骸的原因之外，还与其喜欢服药有关，对于这一点，鲁迅的观点为学界所重视。鲁迅认为，魏晋士人喜服"五石散"，因服完后身体皮肉发烧，所以不能穿窄衣服，以防止擦

---

①（元）陈澔，注 . 礼记 [M]. 金晓东，校点 . 上海：上海古籍出版社，2016: 660.

②（清）孙希旦，注 . 礼记集解 [M]. 北京：商务印书馆，1934: 一、二 .

③（南朝宋）范晔 . 后汉书 [M]. 北京：中华书局，1965: 2588.

伤。[①]魏晋名士的服饰成为彼时王公贵族和平民百姓崇尚的潮流，最终形成服饰史上的魏晋风尚。

图 4–7《竹林七贤和荣启期》砖画[②]

隋唐时期，士子服饰仍主要延续了深衣制传统。《隋书》记载，国子生在参加养老礼时的身服为“单衣”。[③]《旧唐书》记载，国子、太学及四门学生朝见所服为“深衣”，而书学、算学学生以及州县学生朝见所服则为“白裙襦”。[④]《新唐书》也讲到，国子、大学、四门学生朝见所服为“白纱单衣”，书学、算学、律

① 鲁迅 . 鲁迅讲魏晋风度 [M]. 南昌 : 百花洲文艺出版社，2021: 7–9.

② 沈从文 . 中国古代服饰研究 [M]. 北京：商务印书馆 , 2011: 241.

③（唐）魏征，等 . 隋书 [M]. 北京：中华书局 , 1973: 189.

④（后晋）刘昫，等 . 旧唐书 [M]. 北京：中华书局 , 2000: 1324.

学学生以及州县学生朝见所服则是“白裙、襦”。[①] 首先需要指出的是，无论是参加养老礼还是参加朝见，此种场合所穿服饰均带有礼仪性质，因而国子监生以及地方州县的学生们此时的穿着均可看作是礼服。具体来看，士子服饰仍以上衣下裳相连的深衣制为主（单衣是只有一层的衣服，也属深衣制），但同时也有部分国子监生以及地方州县的学生穿着“裙襦”[②]。所谓“裙”是指下半身的裙子，而“襦”则是上身穿的短衣，需要注意的是，称其短只是相对于深衣的长而言的，其真实长度实际上已到膝盖左右。不同于上衣下裳相连的深衣制式，这是一种上衣下裳相分离的制式。[③]

宋时，襕衫成为士子的日常服饰。襕衫亦属深衣制，是由唐代的马周在深衣基础上重新设计而来。《新唐书》云：“中书令马周上议：‘《礼》无服衫之文，三代之制有深衣。请加襕、袖、褾、襈，为士人上服。’”[④] 马周在深衣基础上设计出的襕衫，深得唐宋士人的喜爱，并且宋代又经改造过的襕衫还成了士子服

---

①（北宋）欧阳修，等.新唐书[M].北京：中华书局，2000: 348. 注：《新唐书》中的“大学”或许应为“太学”。“国子学”“太学”“四门学”“书学”“算学”以及“律学”合称“六学”，“凡学六，皆隶于国子监”。（参阅：（北宋）欧阳修，等.新唐书[M].北京：中华书局，2000: 761.）

② 笔者所查阅的中华书局版本的《新唐书》与《旧唐书》在“白裙襦”的断句上还存在分歧，《旧唐书》为“白裙襦”，而《新唐书》则为“白裙、襦”。笔者认为“裙襦”二字中间亦可不用断句，在《庄子·外物》中已出现“未解裙襦”的句子。实际上，服饰史上用得更多的说法是“襦裙”，“襦”对应上衣，“裙”对应下裳。

③ 华梅.中西服装史[M].第2版.北京：中国纺织出版社，2019: 45.

④（北宋）欧阳修，等.新唐书[M].北京：中华书局，2000: 352.

饰。据《宋史》记载，宋代襕衫“以白细布为之，圆领大袖，下施横襕为裳，腰间有襞积，进士及国子生、州县生服之”[①]。可见，宋代襕衫一方面采用了深衣的大袖设计[②]，另一方面改深衣的方领为圆领，同时还在腰间增加了“襞积”（即衣服上的褶皱），而“下施横襕为裳”则是对古代服饰上衣下裳传统的一种延续。

明洪武元年（1368年），朱元璋鉴于元人统治时期衣冠文化不古，于是“诏复衣冠如唐制”[③]。洪武二十四年（1391年）十月，朱元璋“以学校为国储材，而士子巾服无异吏胥，宜更易之，命秦逵制式以进。凡三易，其制始定，命用玉色绢为之，宽袖、皂缘、帛绦、软巾、垂带，命曰‘襕衫’。上又亲服试之，始颁行天下”[④]。从形制上来看，朱元璋主持设计的襕衫延续了唐宋襕衫的圆领设计和宋代襕衫的宽袖设计，具体则是：“中用玉色”“外有青边”“四面攒阑”“束以青丝”“绦穗下垂”“团领官服”[⑤]（见图4-8）。

①（元）脱脱 . 宋史 [M]. 北京：中华书局 , 1985: 3579.

② 这一点与唐代襕衫不同，唐代襕衫受胡服影响，多为窄袖设计。

③ 吕思勉 . 中国简史 [M]. 北京：开明出版社 , 2018: 220-221.

④（清）龙文彬 . 明会要 [M]. 北京：中华书局 , 1956: 385.

⑤（明）吕坤 . 吕坤全集（下）[M]. 北京：中华书局 , 2008: 919.

图 4–8 明代襕衫[①]

（二）古代士子服饰之颜色

中国古代的颜色系统中有五方正色，即青、黄、赤、白、黑，它们分别代表着不同的方位和五行中的不同元素。[②]在五方正色中，白色和青色与士子服饰关系密切。《诗经·郑风·子衿》云："青青子衿，悠悠我心。"[③]"青"是青色，"衿"是衣领，"青衿"的本意是指青色的衣领，这里是用衣服代指令姑娘思念不已的读书人。也是从周代开始，"青衿"成为中国古代士子的别称。此外，汉代经学大师郑玄为《礼记》所作的注中还指出："名曰深衣者，谓连衣裳而纯之以采也。"[④]"纯之以采"即是说在深衣的各

①（明）王圻，王思羲．三才图会（中）[M]. 上海：上海古籍出版社，1988: 1535.

② 例如青色在方位中代表东方，在五行中代表木。

③ 程俊英，译注．诗经译注 [M]. 上海：上海古籍出版社，1985: 160.

④（汉）郑玄注，（唐）孔颖达正义．十三经注疏·礼记正义（下）[M]. 上海：上海古籍出版社，2008: 2191.

处边缘用色彩或镶边来修饰，而“青衿”正合于此。由此我们可以描绘出先秦士子的服饰颜色：深衣主体为白色[①]，衣领、衣袖、下摆等处则有青色镶边。这样的颜色搭配对后世士子服饰的颜色影响深远。

一方面，“青衿”的传统一直延续到明清之际。例如，《隋书》载国子生所服为“青衿”，《新唐书》载国子生朝见所服为“青襟、褾、领”，朱元璋主持设计的士子襕衫“外有青边”等。另一方面，从先秦直至唐宋，白色作为士子服饰的主体颜色一直没有变化，直到朱元璋主持设计的士子襕衫采用玉色之后，才一改历史上的白色传统。这里需要指出的是，唐宋以前，白色在中国古代并未被看作不吉之色，殷商时期的贵族以及魏晋时期的士人都对白色钟爱有加。著名史学家吕思勉指出：“古代染色不甚发达，上下通服白色，所以颜色不足为吉凶之别。后世采色之服，行用渐广，则忌白之见渐生。”[②]唐宋之时，将白色看作不吉之服逐渐成为社会准则。明代郎瑛指出，“生员之服，自宋至我国初皆白衣也”，宋代生员还因身着白衣被时人以诗嘲讽：“圣驾临辟雍，诸生尽鞠躬，头乌身上白，米虫。”郎瑛认为白色不是吉祥的颜色，朱元璋改白色为玉色是十分明智的：“然白色非吉服，岂士子所宜哉？太祖易之，可谓卓然之见也。”[③]

除了朱元璋主持设计的玉色襕衫，明代襕衫的主体颜色在后来又采用蓝色，故而“襕衫”后又称“蓝衫”。据《正字通·衣

---

① 据周锡保的观点，深衣是一种白布衣。参阅：周锡保．中国古代服饰史 [M]. 北京：中国戏剧出版社，1984: 49.

② 吕思勉．中国文化史 [M]. 天津：天津人民出版社，2016: 255.

③（明）郎瑛．七修类稿 [M]. 上海：上海书店出版社，2009: 281.

部》的说法："明制生员襕衫用蓝绢，裾、袖缘以青，谓有襕缘也，俗作褴衫。因色蓝，改为蓝衫。"[①]洪熙[②]时，一次"帝问衣蓝者何人，左右以监生对。帝曰：'著青衣较好。'乃易青圆领"[③]。从洪熙之后，国子监中监生所穿的襕衫便改为青色圆领，这更加接近于官服的颜色。据《识小录》记载："举人中会试，仍称某学生，则亦与诸生无异，服色不应有殊。乡试发榜，例给青袍易蓝，盖亦所司破格旌厉之耳。入监，则仍服监衫而不袍。衫无里衣衬摆。"[④]正所谓"青出于蓝而胜于蓝"，从中可以看出，青色的地位要高于蓝色。

除了以上所讲士子们的常服之外，科举体制下士子们在中进之后还有一套典礼服饰。唐宋时期，士子的进士服与常服均为白色，但明代士子的进士服颜色则与常服不同。据《明史》记载，明代进士服为"深蓝罗袍"（见图 4–9），而状元作为诸进士中的第一名，朝廷对其格外厚爱，皇帝会亲自为其颁赐暗红色的"绯罗圆领"朝服。[⑤]著名科举学研究学者刘海峰认为，"状元帽和进士服本来就是学位冠服"[⑥]。1904 年，康有为在游览了英国的牛津大学和剑桥大学后所写的游记中便将西方大学的学士、硕

①（明）张自烈编，（清）廖文英补 . 正字通（下）[M]. 北京：国际文化出版公司, 1996: 1113.

② 明朝第四位皇帝朱高炽的年号，时间是 1425 年。

③（清）张廷玉，等 . 明史 [M]. 北京：中华书局, 1974: 1649.

④（清）王夫之 . 船山遗书（第 6 卷）[M]. 北京：北京出版社, 1999: 3890.

⑤ 关于全套进士巾服和状元朝服，参见：张廷玉，等 . 明史 [M]. 北京：中华书局, 1974: 1641.

⑥ 刘海峰 . 状元帽和进士服本来就是学位冠服 [EB/OL]. (2022-06-16) [2022-10-11]. https://mp.weixin.qq.com/s/z3j1yvq-7212cTrZxsH2GQ.

士和博士与中国科举体制下的生员、举人和进士进行了类比："其三年毕业考起者为啤噫（ba），略如吾生员……又一年升为嚒噫（ma），略如吾优贡举人，日本译为文学士者也……其得升为劏打（doctor），略如吾进士，日人译为博士者……"① 对进士服进行研究，理当对学位服的本土化设计有所启发。②

图 4–9　明代进士服③

（三）古代士子服饰之教化功能

《白虎通义》云："圣人所以制衣服何？以为絺綌蔽形，表德劝

①（清）康有为．康有为牛津、剑桥大学游记手稿 [M]. 程道德，点校．北京：北京图书馆出版社，2004: 4.

② 2022 年 6 月，海南大学一名毕业生身穿明代进士服参加毕业典礼，引发社会关注。

③ 赵连赏．明代殿试考官与考生服饰研究 [J]. 南方文物，2015(4): 215.

善，别尊卑也。”[①]服饰不单只有蔽体遮羞的生理价值，同时也有着重要的社会价值，这也是圣人“垂衣裳而天下治”的重要原因。

《礼记·深衣》云：“古者深衣，盖有制度，以应规、矩、绳、权、衡……制：十有二幅，以应十有二月。袂圜以应规，曲袷如矩以应方，负绳及踝以应直，下齐如权、衡以应平。故规者，行举手以为容。负绳抱方者，以直其政，方其义也。故《易》曰：‘《坤》六二之动，直以方也。’下齐如权、衡者，以安志而平心也。五法已施，故圣人服之。故规、矩取其无私，绳取其直，权、衡取其平，故先王贵之。”[②]首先，“制：十有二幅，以应十有二月”即是说制作深衣使用十二块布，对应着一年中的十二个月，这是古代天人观在服饰上的具体体现。其次，深衣的教化功能主要体现在“规”“矩”“绳”“权”“衡”这“五法”的设计理念上，此即深衣的重要“制度”内容。“袂”即袖子，袖子制成圆形，目的是为了“使行者举手揖让以为容仪”[③]。“袷”即领口，郑玄注曰：“袷，交领也。古者方领，如今小儿衣领。”[④]而据清代任大椿所言：“曲袷属于内外襟，两襟交则袷交，而形自方。”[⑤]所谓“负绳”，据孔颖达疏曰：“衣之背缝及裳之背缝上下相当，如绳之正，故云‘负绳’，非谓实负绳也。”[⑥]“曲袷”和“负绳”的目的是为了提醒穿衣之人为政要正直，品行要端方。

---

① 朱维铮 . 中国经学史基本丛书（第一册）[M]. 上海：上海书店出版社，2012: 323.

②（元）陈澔，注 . 礼记 [M]. 金晓东，校点 . 上海：上海古籍出版社，2016: 652-654.

③（清）爱新觉罗·玄烨 . 日讲《礼记》解义（下）[M]. 北京：中国书店，2018: 438.

④（汉）郑玄，注 . 四库家藏·礼记正义（五）[M]. 济南：山东画报出版社，2004: 1704.

⑤（清）任大椿 . 深衣释例·卷二：十二 .

⑥ 十三经注疏（下）[M]. 上海：上海古籍出版社，1997: 1664.

所谓“下齐”是指下裳的底边要整齐，宋末元初的理学家陈澔指出：“下齐，裳末缉处也，欲其齐如衡之平。”①“下齐”的目的在于使穿衣之人能够像秤那样做到公平无私。总体来看，“规、矩取其无私，绳取其直，权、衡取其平”。《荀子·修身》篇有云：“礼者，所以正身也。”②古人将“规”“矩”“绳”“权”“衡”这“五法”融入深衣的制式之中，目的在于提醒穿衣之人时时以礼法约束自己的言行，进而使“身体超越了其原始性而达成雅化的身体”③，这也是深衣能使“圣人服之”“先王贵之”的原因所在。北宋的陈祥道曾指出：“十二月者，天之数；规而圜者，天之体；矩应方者，地之象；直与平者，人之道。”④深衣的制式充分体现出古代的天人观和礼法观，它正是“天人合一”思想和古代礼治思想的外在彰显，二者互为表里。

在深衣之后，朱元璋所主持设计的士子襕衫很好地延续和创新了服饰的教化功能。“三易其制”后的明代襕衫每一个制式细节背后都有着丰富的教化蕴意：“中用玉色，比德于玉也”，“外有青边，玄素自闲也。四面攒阑，欲其规言矩行，范围于道义之中而不敢过也。束以青丝，欲其制节谨度，收敛于礼法之内而不敢纵也。绦繐下垂，绦者条也，心中事事有条理也。团领官服，以官望士，贵之也”⑤。除了从制式上发挥服饰的教化功能之外，朱元璋为了突出士子身份的特殊性，并表示自己对士子的重视，

---

①（元）陈澔，注．礼记 [M]. 金晓东，校点．上海：上海古籍出版社，2016: 653.

②（战国）荀况．荀子 [M]. 上海：上海古籍出版社，2014: 16.

③ 刘乐乐．从“深衣”到“深衣制”——礼仪观的革变 [J]. 文化遗产，2014(5): 115.

④（清）爱新觉罗·玄烨．日讲《礼记》解义（下）[M]. 北京：中国书店，2018: 437.

⑤（明）吕坤．吕坤全集（下）[M]. 北京：中华书局，2008: 919−920.

还通过皇命使襕衫成为士子专属的服饰，士子穿襕衫由此成为一种制度。郭嵩焘对此指出："而明代襕衫专为生员之服，又与宋制异。"[①] 借助襕衫制式背后的教化考量与襕衫的专属性，朱元璋以双管齐下的方式强化了士子的身份意识，对其提出了要求和期望。但我们今天必须认识到的是，朱元璋的最终目的实际也是借助服饰以礼治人，从而稳定社会秩序，巩固王朝统治。

四、启示与建议

中国古代服饰文化博大精深、源远流长，本章仅以中国古代士子服饰为中心，尚只能窥其整体之一斑，这更说明了在中国大学学位服本土化的过程中加强对传统服饰文化研究的必要性。总的说来，中国古代士子服饰给予我们的启示主要有以下几点。

第一，深入研究中国古代服饰文化，传承和发扬其中的精华部分。学位服的本土化具体可从三方面着手，即制式、颜色和材质。设计者应当深入挖掘中国古代的服饰传统，思考哪些颜色、制式和材质最能够代表学子身份。比如在颜色上，可考虑将历史上一直为士子服饰所采用的青色添加到学位服的某一部分，在制式上可考虑采用圆领大袖袍衫等。除学位袍外，学位帽甚至于鞋子等均可在挖掘古代服饰文化的基础之上进行设计。

第二，为各高校添加自身的历史文化元素留出空间，以突出学位服的专属性和独特性。朱元璋为突出士子的独特地位而规定明代襕衫专为士子所服，这给我们的启示是，各高校在设计学位服时可以加入本校独特的历史文化元素，以突出学校个性，提升

①（清）郭嵩焘. 校订朱子家礼 [M]. 长沙：岳麓书院，2012: 644.

学子的归属感。实际上，1994 版学位服的设计者们也考虑到了这一点：“学位服是统一规范的，但又要传达出不同学校的信息。这种信息的传达，是通过允许学校在学位袍的左前胸处绣（印或佩戴）上学校的徽记来表达。”[①] 在 1994 版学位服的这一基础上，各高校在设计学位服时可以寻求更大的突破，比如寻找能够反映学校历史精神和文化底蕴的标志性建筑、校徽、校花等元素，将其应用于学位服的不同部分。

第三，为特别优秀的毕业学子预备专门的学位服，以发挥榜样示范作用。“夫礼服之兴也，所以报功章德，尊仁尚贤。”[②] 正如科举体制下对状元和进士的格外厚待一样，为优秀的毕业学子专门预备不同于其他毕业学子的学位服，既可以彰其成绩，又可以砥砺后进。

第四，注重学位服的教化功能，发挥好仪式和服饰的双重教育作用。“君子之服，以称德也，故德之备者其文备。”[③] 我们看到，古制深衣的“五法”制式背后有着丰富的文化意蕴，对穿衣之人的言行起着规范和约束的道德教化作用，而朱元璋主持设计的士子襕衫延续并创新了古制深衣的这一传统。实际上，前述三点建议，都是发挥学位服教化功能的重要组成部分。毕业典礼是学生走出学校前的最后一堂教育课，而仪式和服饰都是道德教化的重要手段，学校应当通过仪式和服饰的双重教育作用给学子们上好这最后一课。

---

① 马久成，李军 . 中外学位服研究 [M]. 北京：中国人民大学出版社，2003: 45.

②（南朝宋）范晔 . 后汉书 [M]. 北京：中华书局，1965: 3640.

③（元）脱脱 . 金史 [M]. 北京：中华书局，1975: 983.

第五章　民国大学学位服

服饰不仅是个人蔽体保暖之物，也是独特的象征符号，反映一定的社会秩序和身份认同。在大学场域中，学位服便是一个重要的文化元素，它从欧洲中世纪的古典大学扩散至世界各地的高校，成为大学毕业和学衔授予的经典象征。作为大学场域中一种独特的文化现象，学位服的历史源流、象征意义、教育价值和设计方案等不仅受到学界的关注，也经常在毕业季成为社会舆论的热点话题。尽管方帽长袍式学位服已经成为我国大学生群体对毕业典礼的集体记忆，但鲜有研究专门探讨这一文化符号在什么时候、如何进入并扩散至众多国内高校。由此，探源中国高校对学位服的接受史，既是对学界和公众关切的回应，也是对中国大学文化建设的重新审视。

回答上述问题需要我们将目光转向清末和中华民国（下文简称“民国”），正是在这一时期，西方大学模式与学位服一起进入中国。本章使用档案研究法和案例研究法，以民国时期报纸杂志报道为资料来源，在梳理清末和民国政府对大学服装规定的基础上，以案例分析的方式考察民国时期大学使用学位服的情况，并尝试分析其与时代背景、官方政策、办学理念、服饰文化等多种因素的联系，从而勾勒出中国大学对西式学位服的接受史，为我们客观理性地认识中国大学的学位服提供一个历史的视角。

一、清末和民国时期的大学服制

清末和民国时期，官方针对学生的装束均发布过相关法令。这些法令反映了彼时当局对学生服装的定义和认识，构成了学生着装的政策法规背景，与广大学生群体的实际着装情况相互映照。因此，在回顾民国时期大学使用学位服的具体情况之前，本章先简要梳理清末和民国政府的学生服装规程，重点讨论其中对大学生服装和礼仪性服装的规定。

（一）清末大学服制

清末时期，新式学堂兴起。1904 年，标志着中国近代新式教育制度确立的教育法令《奏定学堂章程·学务纲要》提出应统一学生服装，“各学堂学生冠服宜归画一”，以实现“归画一而昭整肃。且免学生多带行李，以致斋舍杂乱。即或游行各处，令人一望而知，自可束身规矩，令人敬重”。[①] 但该章程尚未明确学生的具体服制。当时学生的主要装束为传统的长袍马褂，同时也出现了与军服类似的短装操衣（用于体操课）。随着剪发易服在学堂内外的流行，清廷意识到必须限制和规范学生的装束，因为发辫和满服是清朝的象征，剪发易服可能会威胁其统治基础。保守派指出，“服色变，语言变，其心术亦变”[②]，学生穿着西式军衣“有失国体，非学生合宜服制也”[③]。时任湖广总督的张之洞对

① 新定学务纲要 [J]. 东方杂志 , 1904(3): 92–106.

② 论中国学生不宜变服制 [N]. 汇报，1903-10-31(3) .

③ 筹拟改良学生服制 [N]. 北洋官报，1906-12-07(6) .

这一问题高度重视，率先在其所辖的湖北境内规范文武学堂的服装，禁止学生平时出行时身着短衣。他指出，学堂服装“务令其于工匠、贾贩、杂役、水手人等迥然不同，城阙街市令人一望而知，自必倍加敬重。且处处与外国服饰有别，乃是国民教育要义”。张之洞还建议对全国范围的学生冠服做出详细规定，以达到“整肃学制，杜遏乱萌，实于士林礼教及国民教育要义均有裨益”的效果。[①]可见，清廷规范学生服装的目的主要有二，一是规范学生的思想和纪律，二是保存清朝文化，维护其统治基础。

1907 年，清政府发布《学部奏定学生冠服程式》，对学堂冠服作出了具体的设计。其中，大学堂和高等中学堂的服式有四：礼服、讲堂服、操场服和常服。这一冠服程式对礼服的规定最为详尽，其形制包括大帽、长外褂、长衫、束带、裤和靴。各项服式的尺寸均有严格规定，具体如下：

（1）冬呢檐红纬暖大帽，夏纱胎红纬凉大帽。（2）天青羽毛长外褂。（3）春秋冬用浅蓝色长衫，夏用浅蓝色夏布长衫，无论内着何衣，均以长衫罩之。（4）于一切典礼及上讲堂时，长衫外必束带，寻常出门束带与否听便。束腰用蓝色棉线织成，板带专用蓝色，不准用黄红等色。酌配钩式，略如军队所用，惟上铸一楷书学字，高初等小学均用铜质学字，外无花纹；中学以上铜质镀金学字，两旁加双龙纹。（5）裤颜色质料均与衣同。（6）青羽

① 吴剑杰 . 张之洞散论 [M]. 武汉：湖北人民出版社 , 2017: 342.

绫靴。[①]（见图 5–1）

图 5–1　柏乡县官立模范学堂官师学生合影[②]

礼服的穿着场合包括“凡国家庆贺典礼，上学及圣诞恭谒，至圣先师春秋释奠，朔日行香，管学大员初次临堂，开学散学日，发给凭照日等事”。

讲堂服为学生进入讲堂、听课学习时所着服装，其形制为有顶草帽、浅蓝色长衫、束带、青布靴，其中的有顶草帽十分独特，“前后两檐俱深，取其足以蔽阳光遮雨雪。右檐上订一襻，帽顶之右订一扣，可卷向上，取其无碍于扛枪。中屋略高，取其体操兵操时足以容盘挽发辫而不闷。种种皆为有益于卫生并利便

① 学部奏定学生冠服程式 [N]. 时报 , 1907-10-15(2).

②《学部奏定学生冠服程式》规定的礼服形制大略如前排右一教员的服饰。参见：刘玉琪 , 陈晨 . 1907 年晚清学堂服制考 [J]. 丝绸 , 2019, 56(6): 97–104.

于动作。帽上安顶，以别于外国装饰，兼异于工匠、水手、杂役。”中学以下和以上学生的草帽分别有龙眼大小的紫色和红色线结，还有铜片铸成的帽章。

操场服为短装，包括有顶草帽、操衣、操裤、操场束带、青布靴，只限于体操课穿着。而学生日常和外出穿着的常服没有具体形制规定，只说“必须罩长衫不准短衣”。

通过这一程式可知，清廷的学生冠服设计力图保持传统，基本形制为长衫，将西式服装限制在出操使用的操服中。虽然有完备的礼服规定，但并非专为毕业和学位所设计，其更主要的穿着场合实际上是国家庆典、拜谒圣上、朔日行香、官员视察等常规性的文教礼仪场合。

（二）民国大学服制

辛亥革命以后，剪发易服成为社会革新的重要手段被强力推行。民国政府多次颁布服制法规，如 1912 年的《服制》将西装定为大礼服，1929 年的《服制条例》和 1939 年的《修正服制条例草案》则分别规定长袍马褂和学生装为正式社交场合的大礼服，这三类服装在民国街头都十分常见。与此同时，官方也多次专门颁布法令对学生服装做出规范，这些规定无一采纳长袍马褂，均以短装作为学生制服的基本形制。

1912 年的《学校制服规程令》比较简略，主要对男女学生的制服分别作出规定，不同学段的制服区别不明显，“男学生制服形色与通用之操服同”，“女学生即以常服为制服”，而“大学生制帽得由各大学特定形式，但须呈报教育总长”。[①]

---

① 法令：教育部公布学校制服规程令 [J]. 教育杂志 , 1912, 4(7): 7−8.

1929 年的《学生制服规程》主要以年级为单位，对小学、中学、专门学校以上层次学校的男女学生制服分别做出详细规定（见图 5–2）。

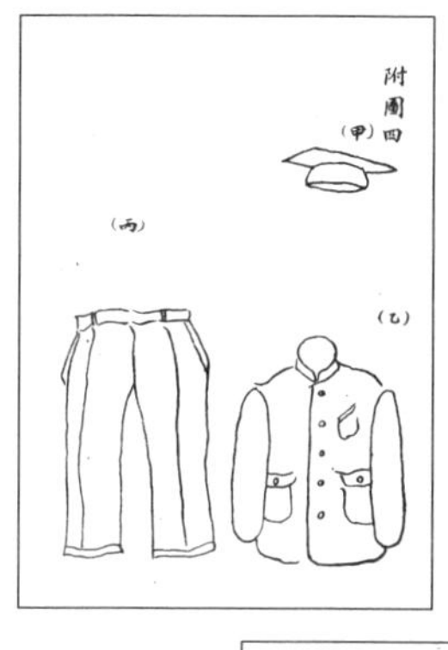

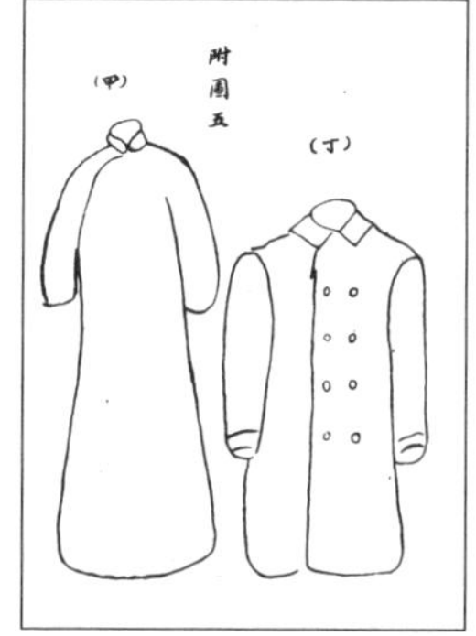

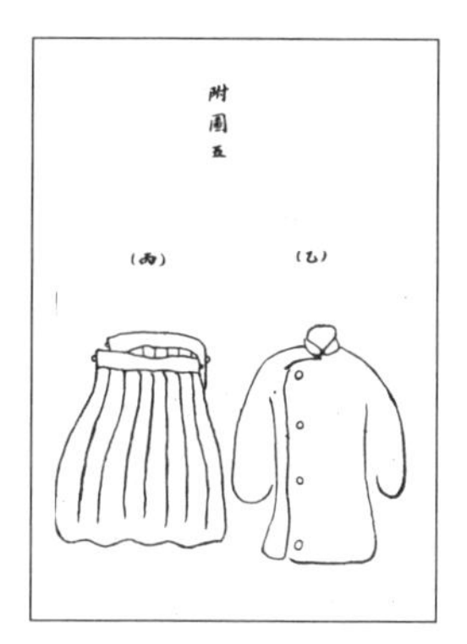

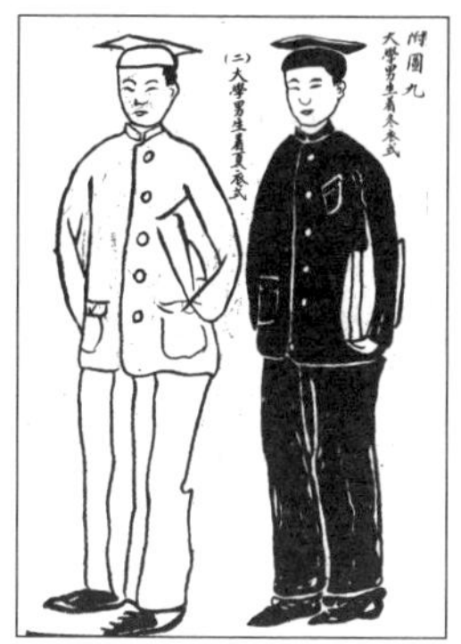

图 5–2　1929 年的《学生制服规程》的大学男女生服制及穿着示意图[①]

其中第五条规定了专门以上学校男生制服的形制，具体如下：

（1）大学学生帽式如附图四之甲，顶为正方形。专门学校学生帽式与中等学校学生同。（2）衣式如附图四之乙，衣扣铜质花

① 学生制服规程 [J]. 湖南教育行政汇刊，1929(1):133–149.

纹。（3）裤式如附图四之丙。（4）外套式如附图五之丁，扣用双挑各四个，领用翻领暗扣。（5）帽衣裤外套之质及色均须一律冬黑夏白。（6）鞋用布鞋或皮鞋，鞋袜色冬黑或深灰夏白或黄。[①]

第六条为高级小学及高中等以上学校女生的制服形制：

（1）衣分长袍及短衫式两种（短衫须用裙），但须全校一律。（2）长袍式如附图五之甲，长连膝与踝之中点，裤长与衣齐。（3）短衫式如附图五之乙，裙式如附图五之丙。长连膝与踝之中点，裤长与衣齐。（4）衣裙及衣扣之质与色均同冬深蓝夏白，得酌用他色，但须全校一律。（5）鞋用布鞋式或平底皮鞋，袜用长筒袜。（6）得着外套其式样与初级小学女生同。[②]

这一规程中最为特别的是大学生的帽子，与西式学位帽类似，只是去掉流苏而已。不过，该帽式的采用似乎并不普遍，笔者暂未见到当时学生单独穿戴这种帽子的照片或报道。

1937年的《修正学生制服规程》中，女生的服装没有明显变化，包括旗袍式和上衣下裙的袄裙式两种。高中以上学校的男生制服为“高中以上学校军事管理办法所规定之服装”[③]，最初为中山装，但后来改为学生装，与此前的服制要求一致；而教员服装则为中山装（见图5-3）。

① 学生制服规程 [J]. 湖南教育行政汇刊, 1929(1): 133-149.

② 同上。

③ 江苏省教育厅训令 第二五七五号 [J]. 江苏省政府公报, 1937(2653): 5-8, 10.

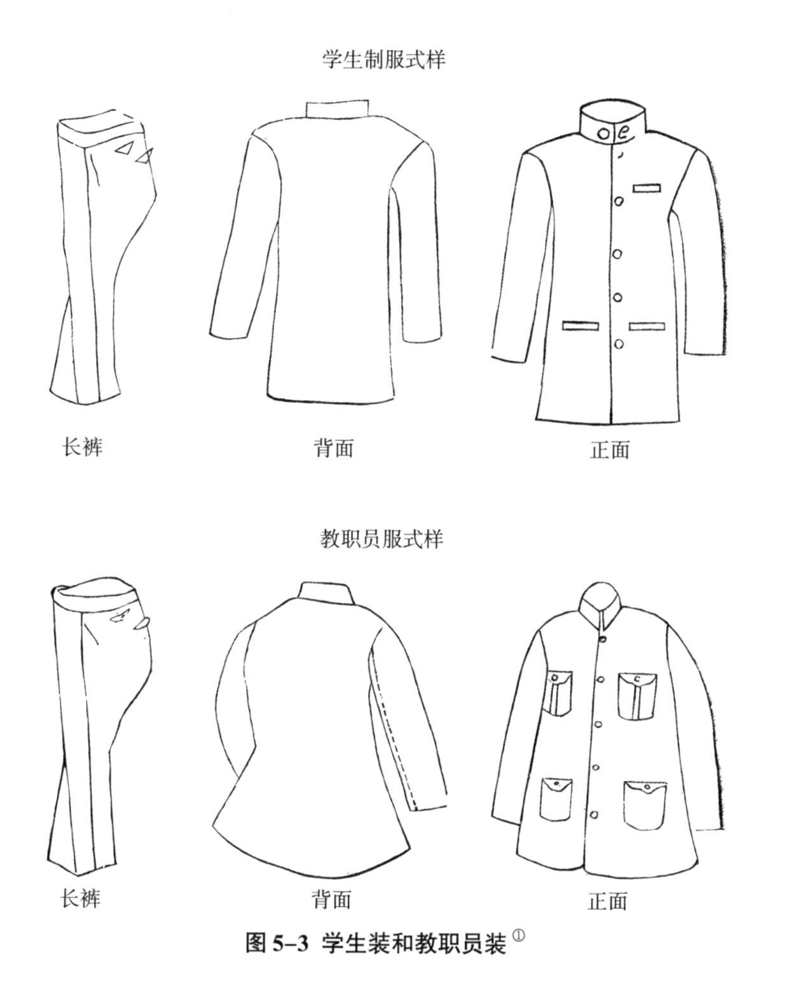

图 5-3 学生装和教职员装①

相比于清末的学生冠服程式，民国学生制服的主要形制是舶来的短装而非传统长衫，也不再有单独的礼服。当时的男生学生装结合了关闭式立领、对襟等中国文化元素和收腰、收省、装袖等西式造型，受到各界人士欢迎，在 1939 年的《修正服制条例

① 江苏省教育厅训令 第二五七五号 [J]. 江苏省政府公报 , 1937(2653):5−8, 10.

草案》中被政府定为正式社交场合的大礼服。[①]

总体而言，清末和民国政府都对学生服装做出了规定，力图统一学生装束，赋予他们特殊的身份标识，以规范学生的行为和思想。不过，从穿着场合来看，对于毕业和文凭授予典礼，清末和民国官方均未设计特殊的服饰，仅清末的《学部奏定学生冠服程式》要求学生在毕业和发给文凭的仪式中穿着礼服。也就是说，当时官方法令中尚没有“学位服”的概念和规定。

可以明确的是，毕业和文凭授予在清末和民国时期都是完成学业之际的重要仪式，这从清末的学堂礼服穿着规定和 1912 年颁定的《学校仪式规程》中可以得到确证。同时，西方的学位服也早已进入了官方视野，例如张之洞在 1907 年提议规范学堂冠服时便提及：“日本法律学士，皆系大笠深衣。美国大学堂毕业生，皆系褒衣大袖，系绦其冠，与古之元冕同，臣皆亲见之。”[②]既然毕业仪式和西方的学位服都曾受到关注，为何清末和民国都不曾对“学位服”做出设计或规定呢？我们可以从当时的历史情境中找到部分答案。首先，在时局动荡、经费不足、现代大学初建的背景下，如何维持办学已经是不小的挑战，官方无暇顾及学位服这种形式细节性问题。其次，清末和民国官方虽然多次规范学生制服，但由于制服成本较高、学生无法负担，各级各类学校落实的程度十分有限，在这样的条件下，似乎更无必要对毕业典礼单独设计一款礼服。最后，清末民初虽然建立了现代大学，但直到 1935 年官方才通过《学位授予法》，颁定明确的大学学位制

---

① 刘梦醒，张竞琼. 民国服制法令中男子礼服的演变 [J]. 武汉纺织大学学报，2017, 30(5): 36–42.

② 吴剑杰. 张之洞散论 [M]. 武汉：湖北人民出版社，2017: 342.

度。[1] 此前学位制度未立，规定学位服则更无从谈起。

不过，尽管官方没有学位服的相关规定，西方的学位服却自发地出现于大学的毕业典礼，并进入大众的视野，逐渐成为学生毕业、获得学位的独特象征。下文我们将以若干大学为例，深入分析民国时期大学使用学位服的情况和时人的看法。

二、民国时期大学学位服使用的案例分析

民国时期，实施四年制本科教育的机构包括大学和“独立学院”[2]，根据办学主体可分为国立、省立、市立和私立四类，其中前三类均可视为公立大学，而私立大学又可区分为教会大学和非教会私立大学。本部分将对公立大学、教会大学和非教会私立大学这三类大学进行分类考察，首先总结该类别大学使用学位服的整体情况，然后对其中二至四所典型大学进行详细的案例分析。对案例大学的剖析将结合图片和文字资料，尽可能全面地展示案例大学毕业典礼所用服装的形制特点、历史演变以及背后的原因。选择案例大学的标准主要包括声誉高、服装典型且资料相对丰富。

本部分的资料主要来自清末和民国时期的报纸和杂志。具体而言，笔者根据《中华民国教育年鉴》中所列的 1916 年、1928 年和 1948 年三个年份中的大学和独立学院名单，以“校名 + 毕

---

① 王文杰. 民国初期大学制度研究（1912—1927）[M]. 上海：复旦大学出版社，2017: 303.

② 民国的“独立学院”与今日所指不同，根据 1929 年南京国民政府颁布的《大学组织法》和《大学规程》，具备三个学院以上（须包含理、工、农、医之一）的机构称为大学，否则为“独立学院”。

业典礼 / 毕业式 / 毕业礼 / 学位服 / 学士服”为关键词，在“民国时期期刊（1911—1949）全文数据库”[①]进行检索，由此得到当时与大学毕业典礼和服装有关的通知、报道或评论；部分大学校史馆官网中的相关资料也作为补充。从检索结果来看，与大学毕业典礼相关的报道多见于“独立学院”，教会大学多于公立大学和其他私立大学，声誉高者多于声誉低者，这从侧面支持了分类探讨、以名校为案例展开分析的合理性。

需要说明的是，尽管笔者对名单中的院校进行了“全样本”的检索，但不同高校的相关报道数量参差不齐，教会大学的图文报道多于公立大学和非教会大学的私立大学，许多不知名的高校则未见或很少见相关报道。大多数关于高校毕业典礼的新闻只报道了流程、出席者和发言内容等，只有少数谈及师生的着装，很多也仅以“统一冠服”等笼统的语言一笔带过。本部分的处理方式是，仅当通过图片或文字可以确认某所大学毕业典礼所用的服装类型时才计入分析。尽管档案资料的不足限制了对所有高校的全面分析，但并不妨碍我们获得一般性的认识。

（一）公立大学

1. 总体特点

表 5-1 为公立大学毕业典礼或毕业纪念合影中学生的着装统计。从笔者检索到的资料来看，在毕业典礼中使用西式学位服的公立大学只有东北大学和暨南大学 2 所。包括清华大学在内的 4 所公立大学的毕业生曾穿着西式学位服拍摄纪念独照，但未在毕业典礼中集体穿着学位服。有 6 所大学曾以西装或西式衬衣为毕

① 参见：https://www.cnbksy.com/home.

业典礼服装，其中 4 所位于上海、杭州、广州等沿海地区。以长袍马褂为毕业典礼着装的公立大学数量最多，共 8 所。需要说明的是，除了使用学位服的大学以外，这一时期女性毕业生的着装多为长旗袍。

表 5–1　公立大学毕业典礼或毕业纪念合影中学生的着装统计

毕业典礼服装类型	学校及年份
学位服（集体穿着）	1. 东北大学（1929/1930） 2. 暨南大学（1928/1947）
学位服（个人穿着）	1. 清华大学（20 世纪 20 至 40 年代） 2. 交通部唐山大学（1925） 3. 南洋医科大学（1927） 4. 国立东南大学（1926）
西装 / 衬衣	1. 同济大学（1923/1927） 2. 国立北平大学（1937） 3. 中山大学（1939/1941/1945） 4. 国立上海医学院（1940） 5. 浙江大学（1940/1942/1948/1949） 6. 北京大学（1942/1946）
长袍马褂	1. 北京大学（1913/1918/1921） 2. 清华大学（1937） 3. 中央大学（1933） 4. 国立北京师范大学（1924） 5. 北京交通大学（1926） 6. 国立东南大学（1924 个别穿西装） 7. 山东大学（1935 袍褂；1937 制服） 8. 河南大学（1935 袍褂或制服）

注：括号内的数字为年份，表示检索到特定高校在相应年份的毕业典礼着装情况（下同）。

从这一统计可知，毕业生穿着西式学位服参加毕业典礼的公立大学较少。从时间上看，在 20 世纪二三十年代，长袍马褂是更为常见的毕业典礼服装；到了 20 世纪 40 年代，西装或西式衬衣也逐渐流行。这与民国时期礼服演变的总体趋势一致，即由早期的长袍马褂向后期的西装过渡。[①] 从地理位置上看，西装或西式衬衣在东部沿海地区更早流行，反映了沿海地区更加开放和西化的特点。

下文以北京大学、清华大学、暨南大学和东北大学为案例展开更为详细的描述和分析。

2. 北京大学：将袍褂和西装作为毕业礼服

北京大学的历史可以追溯到1898年成立的京师大学堂，最初既是中国的最高学府，又是国家最高教育行政机关。中华民国成立后京师大学堂改名为国立北京大学。北京大学是中国第一所国立综合性大学，被认为“上承太学正统，下立大学祖庭”。也许正是由于这一特殊身份，在清末和民国时期北京大学的毕业典礼上，毕业生的着装均与官方要求完全一致，如早期的长袍马褂和20世纪40年代的西装、学生装等，而不曾使用西式学位服。

从图5-4京师大学堂教职员合影中可以看到，中国教师穿着的是清朝传统的袍褂式礼服或代表官职的补服，而外国教师身穿的则是西式学位服。这表明，尽管中国师生并不使用学位服，但这种来自西方大学的特殊礼服已经通过外国教师这一群体进入了北京大学。

① 袁仄，胡月. 百年衣裳：20世纪中国服装流变 [M]. 北京：生活·读书·新知三联书店，2010: 105–201.

图 5–4 京师大学堂教职员合影（1898—1912 年期间）

从图 5-5 和图 5-6 可以看出，民国初期，北京大学毕业仪式中的礼服为长袍马褂。通过 1921 年的“第一次授名誉学位的典礼入场”和“第二次授名誉学位典礼后的纪念摄影”（见图 5-7 和图 5-8）可见，第一次授予名誉学位典礼时，大多数人身穿长袍马褂，第二次典礼中的主要参与者（包括蔡元培校长，荣誉学位获得者杜威、芮恩施以及其他学校领导和社会贤达人士）的着装为西服。西服和长袍马褂分别是 1912 年的《服制》中男子常礼服的甲、乙两种形制。①

① 服制 [J]. 政府公报 , 1912 (157): 4–9.

图 5–5 北京大学第一次毕业摄影（1913）①

图 5–6 北京大学文科哲学门第二次毕业摄影（1918）

① 北京大学第一次毕业摄影 [J]. 中华教育界，1913(11): 1.

图 5–7 第一次授名誉学位的典礼入场（1921）[①]

图 5–8 第二次授名誉学位典礼后的纪念摄影（1921）[②]

到抗战时期，国立西南联合大学的毕业生合影中，西装则成为主流（见图 5–9 和图 5–10）。

① 北大的典礼和纪念：第一次授名誉学位的典礼 [J]. 北大生活，1921(12)：25.

② 第二次授名誉学位典礼：授学位典礼后的纪念摄影 [J]. 北大生活，1921(12): 26.

图 5–9 国立西南联合大学经济系 1946 级毕业生合影[①]

图 5–10 国立西南联合大学化学系 1942 级毕业生合影[②]

相较于同样知名的教会大学来说，与北京大学毕业典礼相关的图文报道非常少，笔者在资料检索中未发现民国时期北大毕业生身着西式学位服的留影。不过，1925 年的《北京大学日刊》上有一则题为《哲学系四年级同学会启事》的消息提到：“本会昨日

① 云南师范大学西南联大博物馆：西南联大历史展 [EB/OL].[2020-07-01]. https://bwg.ynnu.edu.cn/wszt/xnldlsz.htm.

② 同上。

开会议决印纪念刊上之各人四寸相片一律均着礼服。查此项礼服惟石头胡同大北照相馆备有一套，请列位前往大北去照，价一元惟无优待条件。”[①] 从通知可知该礼服不太常见，由于当时《服制》规定的西装礼服和长袍马褂礼服均比较常见，师生平时可能就会穿着，不至于只有一家照相馆存有，表明通知中提及的礼服极有可能是西式学位服。由此可知，尽管北京大学在毕业典礼中并不使用学位服，但部分院系学生可能自发地以学位服作为毕业纪念刊上的“定妆照”。

总之，尽管西式学位服早在京师大学堂时期的外国教员身上已经出现，但北京大学这所国立大学的中国师生并未在典礼场合穿着西式学位服。民国时期北京大学的毕业典礼中，师生的服饰为民国官方规定的正式场合礼服，如长袍马褂、西装等[②]；只有个别院系或学生出于自愿而穿上学位服拍照以刊印于毕业生纪念刊物，可能旨在取学位服对毕业和学位的象征之意。

3. 清华大学：借用学位服作为毕业照道具

清华大学的前身清华学堂，始建于 1911 年，1925 年设立大学部并开办国学研究院，1928 年更名为国立清华大学。清华大学与北京大学一样，从诞生起便是国立大学，不同之处在于清华大学的前身为留美预备学校。因此，坊间有一种说法是“北大老，清华洋”，这一“洋气”的基因也在一定程度上体现于清华大学毕业生身着学位服的纪念照片中。

关于清华大学毕业典礼的新闻报道或其他公开资料很少，根

---

① 哲学系四年级同学会启事 [J]. 北京大学日刊，1925(1636): 2.

② 有趣的是，虽然民国时期的历次学生服装规程均以西式短装为学生制服，但早期毕业典礼中学生的着装却大多为长袍马褂，从侧面表明当时长袍马褂作为文化人的象征意义。

据笔者的检索，清华大学的毕业典礼中，毕业生也不穿着西式学位服。《实报半月刊》1937 年第 2 卷第 18 期刊载了一张名为“清华大学毕业生步出礼堂时情形”的照片，学生的统一着装为长袍马褂式礼服（见图 5–11）。

图 5–11 清华大学毕业生步出礼堂时情形（1937）[①]

虽然清华大学毕业典礼上学生并不穿学位服，但学生却有身穿学位服拍摄独照并收录于其毕业纪念刊物《国立清华大学年刊》的传统（见图 5–12）。

图 5–12 身着学位服的三位清华大学毕业生留影（1932; 1936; 1944）[②]

① 宋致泉 . 我们现在毕业了 [J]. 实报半月刊，1937, 2(18):1.

② 毕业生 [J]. 国立清华大学年刊，1936；清华大学校史馆 [EB/OL]. [2020-07-01]. https://xsg.tsinghua.edu.cn/publish/xsg/index.html.

清华大学1928年的校刊《国立清华大学校刊》第19期上有一则消息《第一级毕业纪念刊现已开始照像[①]，由北京摄影社拍照》，内容为：

第一级同学已毕业在即，前曾推出委员会，筹备出版纪念册新闻，已志前刊。兹闻照像馆已决定在北京摄影社。单人照像，自本星期六起始拍照，共分四组，限两星期拍完。至照相时，所著服装，因教育部尚未规定，故仍着普通学士服云。[②]

紧接着，第20期上一则新闻《大四级消息》报道中提到：

该级同学毕业照相，业已开始，一律穿学士服，因人数太多，特分为四组，第一组在八日上午九点至下午四点，第二组在九日上午九点至下午四点，第三组在十五日上午九点至下午四点，第四组在十六日上午九点至下午四点，地点为北京摄影社云。[③]

那么，毕业生照相时的学位服来自哪里呢？1931年《清华周刊副刊》的《穿学士礼服的商榷》文提供了答案，即向燕京大学租用。文中提到毕业年级的同学要编辑年刊并刊登毕业生身着学位服的照片：

① 此处“照像”应为“照相”，考虑到民国时期的语言风格，故保留。下同。——编辑注

② 第一级毕业纪念刊现已开始照像，由北京摄影社拍照[J]. 国立清华大学校刊，1928(19): 1.

③ 大四级消息[J]. 国立清华大学校刊，1928(20): 1.

编纂年刊的先决问题，就是设法每人照一张戴学士帽，穿学士服的四寸半身像片[①]［……］可是学士礼服本校并没有制备，所以每次毕业的同学，除去花了几块钱买那一张学士文凭纸之外，还要花一两块钱向我们的西邻燕京大学租一套雨衣式的学士礼服。[②]

值得注意的是，这篇“商榷”文并不认可租用学位服以摄影留念的传统，作者认为年刊上刊登毕业生学士服以“表明这张‘像片者’已经获得了国立清华大学某某学士的学位，总算没有辜负这朝攻夕研四载寒窗的辛苦”，是“够滑稽了”。其理由有三：一是在中国的教育部没有学士礼服制度的情况下，清华大学毕业生的做法便是“逾越法制的范围去模仿欧西的文明”；二是由于国家规定大学毕业称为学士，则不穿学士礼服并不妨碍毕业生获得学士身份；三是“以堂堂国立大学的学士而穿着用一两块钱租来的雨衣式底礼服，我们更看不出所增加的荣誉在那里”。作者认为“辛苦四年，欲籍形式，聊以自慰，我们只觉得这是一种错误的心理而已”，并且最终得出结论：“不赞同本校毕业同学，在教育部没有定制的现在，去因袭前人的错误，模仿别国的文明，穿了所谓学士礼服而照像。我们极希望以后行将毕业的同学都能够把他们的‘本来面目’给我

① 此处“像片”应为“相片”，考虑到民国时期的语言风格，故保留。下同。——编辑注

② 希贤 . 穿学士礼服的商榷 [J]. 清华周刊副刊, 1931, 36(2): 1.

们看。”①

不过，紧接着在《清华周刊副刊》第36卷的第4/5期上就出现一篇回应文章《“穿学士礼服的商榷”的商榷》。该文作者认为:“穿学士礼服不过是一种仪式而已，根本就没有合理不合理的问题。”既然教育部没有规定学士礼服，那么穿学位服就并非“逾越法制”；是否沿袭前几年习惯则完全是个人的自由；向燕京大学租用学士服也并非是一种侮辱。因此前文作者的观点“未免滑稽一点”。通过这篇文章还可以发现，当时对学位服的质疑不只有前文一篇。作者提到，“上月十六日，秘书长杨公兆先生在大礼堂举行纪念周典礼的时候，发表了他对于学位礼服的意见，把同学冷嘲热讽的讥笑了一番”。②可见，当时人们对学位服并非毫无保留地接受，批评的意见主要认为穿着学位服照相是形式主义和对外国文明的模仿。

总之，作为国立大学的清华大学主要以长袍马褂为毕业典礼的礼服；与此同时，清华大学毕业生也认同西式学位服对毕业及学位的象征和纪念功能，通过向燕京大学租借学位服而拍摄毕业独照并刊发于年刊。尽管校内曾出现过不同的意见，但并未妨碍这一身着学位服留影的传统。除清华大学外，国立东南大学（1926）、交通部唐山大学（1925）和南洋医科大学（1927）三所公立大学的毕业生亦留下了学位服单人照（见图5-13）。

① 希贤. 穿学士礼服的商榷 [J]. 清华周刊副刊, 1931, 36(2): 1.

② 苕. “穿学士礼服的商榷”的商榷 [J]. 清华周刊副刊, 1931, 36(4/5): 1-2.

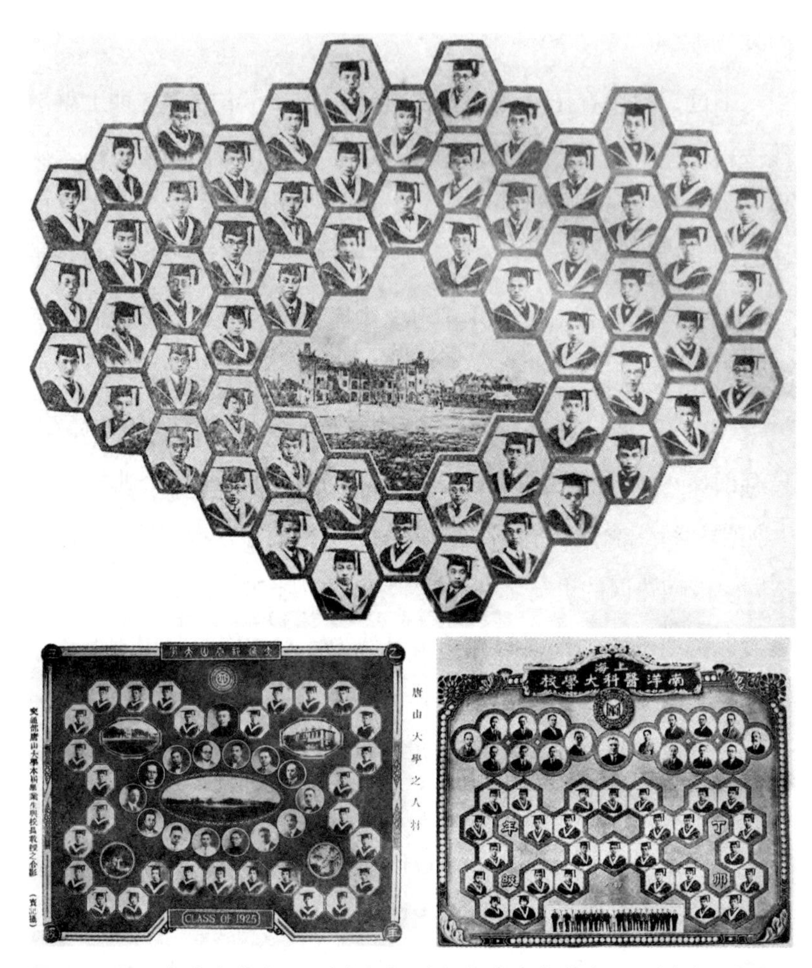

图 5–13 国立东南大学（1926）（上）、交通部唐山大学（1925）（左下）和南洋医科大学（1927）（右下）的毕业照[①]

① 东大商科之人材 国立东南大学商科丙寅级毕业生合影 [J]. 图画时报，1926(299): 4.

唐山大学之人材 交通部唐山大学本届毕业生与校长教授之合影 [J]. 图画时报，1925(280): 4.

南洋医科大学本届毕业生 [J]. 图画时报，1927(370): 2.

4. 暨南大学和东北大学：使用学位服的少数公立高校

如果说清华大学对学位服的使用还局限于租借来作为拍照道具的话，同属国立大学的暨南大学则直接将其用于毕业典礼（见图 5–14）。考虑到暨南大学的办学宗旨一直是为海外侨民提供教育，加之早期位于上海这一“十里洋场”，它对西式学位服的接受似乎是理所当然的。

图 5–14 暨南大学 1947 年毕业典礼[①]

东北大学是一所地处沈阳的省立大学，始建于 1923 年，1928 年张学良兼任校长。东北大学在创校之初具有经费充足、规模宏大且较少受到教育部制约的特点。1929 年第一届毕业典礼前，学校当局出于“崇校典而壮观瞻”的目的，“喻令毕业同学，务于举行毕业典礼以前，各赶做学士服一套及学士帽一顶，否

① 今年的学士群 [J]. 艺文画报 , 1947, 2(1): 13.

则，不准参与毕业典礼”。由此我们得见1930年的毕业典礼中身着学位服的学生群体（见图5-15）。不过，抗战爆发后，东北大学被迫内迁，此后便不再见到相关报道，身着学位服的学生群体参加毕业典礼的壮观景象大约止于1931年。

图5-15 东北大学1930年毕业典礼①

（二）教会大学

1. 总体特点

教会大学与公立大学形成鲜明对比，其毕业典礼相关图文报道远多于公立大学（从表5-2中的年份数便可发现这一点）。在笔者的检索中，未找到一所以长袍马褂为毕业典礼服装的教会大学；与之相对，有13所教会大学以学位服为毕业典礼礼服。也许正是教会大学毕业典礼中师生着装的特色，使其更有图片报道的价值。另有1所高校即震旦大学的毕业纪念合影为西装，但震旦大学有毕业生身着学位服的纪念独照。此外，抗战时期，内

① 东北大学第二届毕业典礼盛况 [J]. 北洋画报 , 1930, 10(498):1.

迁至成都的几所教会大学在1941年、1945年举行的联合毕业典礼中，毕业生的着装为白色制服，制服形制为男生西装，女生旗袍。

表5-2 教会大学学生毕业典礼着装统计

毕业典礼服装类型	学校及年份
学位服	1. 燕京大学（1927/1930/1931/1936/1941/1948） 2. 辅仁大学（1931/1936/1937/1947/1948） 3. 协和医学院（1921/1936/1937/1938） 4. 齐鲁大学（1924/1933/1948） 5. 金陵大学（1934/1937/1942） 6. 圣约翰大学（1922/1940/1946/1947） 7. 金陵女子文理学院（1925/1927/1930/1936/1940/1946/1947） 8. 东吴大学（1927/1940） 9. 沪江大学（1919/1933/1947） 10. 之江文理学院（1940） 11. 上海女子医学院（1940） 12. 岭南大学（1920/1931/1932/1936/1948） 13. 华西协和大学（1922/1935）
学位服个人照	1. 震旦大学（1944） 2. 辅仁大学（20世纪40年代） 3. 圣约翰大学（1930）
西装/衬衣	1. 震旦大学（1937） 2. 华西四大学（华西协和大学、金陵女子文理学院、金陵大学、齐鲁大学）联合毕业典礼（1941） 3. 成都五基督教大学联合毕业典礼（1945）

结合表5-2以及图5-16至图5-25可知，除了抗战时期内迁至西南地区的高校外，各教会大学的毕业生在毕业典礼上均穿着学位服，且教师和校长也大多穿着象征学位的礼服。例如，岭南大学1932年的校报有《举行大学毕业礼布告》一文，其中通知了毕业典礼的时间，并要求“各教员及毕业生均携备礼帽礼服礼

带到场为要”[①]。齐鲁大学的校刊《齐大旬刊》1933年的《本届毕业周大事志略》一文描写了当年毕业典礼的盛况，“是日上午九时，全体教职员及全体毕业生齐集于志郭办公楼，身着大礼服，头戴学士帽，熙熙攘攘极为热闹”[②]。不过，医学院的情况比较独特，通常只有医科学生穿着学位服，而护士科毕业生则只穿着护士服（见图5-16）。除了毕业典礼以外，建校仪式中也出现过教师身穿学位服的情形，如协和医学院1921年的落成仪式（见图5-17）。这与西方大学使用学位服的情况类似，即学位服不仅出现于学位授予仪式中，在大学的其他重要典礼或部分正式场合中，师生也需穿着学位服。

图5-16 协和医学院1937年毕业典礼入场[③]

① 举行大学毕业礼布告 [J]. 私立岭南大学校报, 1932, 5(3): 8.

② 本届毕业周大事志略 [J]. 齐大旬刊, 1933, 3(26): 3.

③ 北平协和医学院本届毕业典礼于六月十一日举行 [J]. 天津商报画刊, 1937, 24(20): 1.

图 5–17 协和医学院落成仪式（1921）

图 5–18 齐鲁大学 1924 年毕业摄影[①]

各教会大学学位服的形制大同小异，多为经典的深色长袍和带流苏的四方帽，不同大学仅在有无领布、领布和前襟镶边颜色深浅上略有区别。校长和教授的礼服通常更加华丽，前襟和领布所用布料更华贵，袖子上通常有几条横杠。不过，辅仁大学是一个例外，其学位服的形制与明代士人常服类似，后文将对其做详

① 齐鲁大学一九二四年毕业摄影 [J]. 齐大心声 , 1924, 1(1):4.

细的案例描述。

图 5–19 圣约翰大学 1947 年毕业典礼[①]

图 5–20 岭南大学 1920 年毕业摄影[②]

① 今年的学士群 [J]. 艺文画报 , 1947, 2(1):13.

② 本年大学毕业文学士四人 [J]. 岭南 , 1920, 4(3):4.

图 5-21 华西协和大学 1935 年毕业摄影

图 5-22 上海基督教华东六大学毕业典礼（1940）[①]

图 5-23 华西四大学 1941 年联合毕业典礼 [②]

① 上海基督教华东六大学毕业典礼 [J]. 上海生活 , 1940, 4(7):1.

② 华西四大学联合毕业典礼 [J]. 东方画刊 , 1941, 4(5): 14–15.

图 5–24 金陵女大 1947 年毕业典礼[①]

图 5–25 沪江大学 1947 年毕业典礼[②]

学位服发源于欧洲，到 20 世纪初期时已经成为欧美地区的大学所普遍接受的毕业和学位授予典礼的礼服。而中国的教会大学几乎都由欧美教会在华开办，因而教会大学使用西方大学的学位服可谓顺理成章。事实上，教会大学不仅采纳西方大学的学位服，许多大学在课程设置、教材使用、教学方式、人才培养标准

① 金陵女大毕业典礼 [J]. 天山画报 , 1947(2):10.

② 今年的学士群 [J]. 艺文画报 , 1947, 2(1):13.

等方面都向西方大学看齐。美国教会在华开办的教会大学最早是在美国注册立案，学位授予权也由其立案机构赋予。①

下文将以素材相对丰富的燕京大学以及学位服形制独特的辅仁大学为案例，对教会大学的学位服特点展开进一步分析。

2. 燕京大学：引进学位服的典型高校

燕京大学成立于1919年，建校不久便蜚声中外。从民国时期报刊资料的记录来看，燕京大学历来便有毕业典礼，典礼中最重要的环节是学位授予仪式，教师和毕业生均身着学位服参加。1947年的《燕大双周刊》中《记第三十届毕业典礼》一文报道了毕业典礼的流程，先由校务长报告校务，然后是燕京大学校董会董事长孔祥熙和燕京大学前任校长、美国驻华大使司徒雷登致辞，教务长报告获得奖学金的学生名单，最后为毕业生授予学位。这篇文章提到，学位授予环节首先由文学院、理学院、法学院的院长介绍各自学院的本科毕业生，然后由校务长“窦维廉先生当场颁发毕业证明书，授予学士学位”；之后由代理校长“陆志韦先生介绍研究所毕业同学，授予硕士学位”。②1948年的《燕大双周刊》对毕业典礼的报道则更加翔实，不仅记录了典礼的仪式环节，还描绘了毕业生身着学位服、头戴学位帽的装束，这里摘录部分如下。

本校第三十一届毕业典礼于六月廿九日上午十时在贝公楼大礼堂举行。毕业生本科一〇五人，研究院五人，穿着学位服由穆

① 吴立保 . 中国近代大学本土化研究 —— 基于大学校长的视角 [D]. 上海：华东师范大学, 2009.

② 记第三十届毕业典礼 [J]. 燕大双周刊, 1947(42): 1 .

楼排队步入贝公楼礼堂，教职员约三四十人，也穿着代表学位的服装由生物楼排队，跟着毕业生后面，进入礼堂。

[……]

导礼员发令授给学位，由各院长梅贻宝、韦尔巽、严景耀，分批介绍各院本科毕业生，研究工作委员会秘书胡经甫先生介绍研究院毕业生，由窦维廉代理校务长接受毕业生并请教育部授予学位，每一批学生的毕业文凭（筒子）都由窦先生和女部主任苏路德女士一个个的递到手中。最后一批是研究院的“硕士”们，每人除领文凭外，还由苏女士给他们逐个带上一条带子。

行礼完毕，由国文系毕业生钱家钰女同学致答词并代表毕业班授杖；教育系三年级王碧霖女同学，代表三年级同学受杖。

唱校歌，散会后，贝公楼前草场上，仍然挤满了人群，照像的，叙谈的，道喜声不绝于耳，方帽、学士服晃来晃去，点缀了一座庄严灿烂的学府！①

由图 5-26 至图 5-28 可知，燕京大学学位服的形制十分经典，主要包括学位袍、领布和缀有流苏四方帽，学位袍的袍身宽大，钟形袖，兜帽式领布镶有浅色边。由于图片数量和清晰度的限制，我们无从知道教授所穿学位袍与学生的学位袍有何区别，但可以从图 5-28 中看到校长服的袖子上有三道黑杠。另由《燕大双周刊》的文字报道以及 1927 年、1930 年和 1941 年的毕业典礼相片可以看出，在毕业典礼前，毕业生只穿着学士袍、头戴学士帽而不着领布，待获得学位后才披上领布。

---

① 学士一〇五 硕士五位，毕业典礼廿九日举行 [J]. 燕大双周刊, 1948(60): 1.

总体而言，民国时期燕京大学的毕业典礼中，师生均会穿着学位服，其形制与如今教育部规定的款式类似。

图 5–26　燕京大学 1927 年毕业典礼：师生入场，来宾教员等退席 [①]

图 5–27　燕京大学 1930 年毕业典礼：入场、典礼仪式、典礼后行升旗礼 [②]

图 5–28　燕京大学 1941 年毕业典礼：行进、入场、典礼仪式 [③]

---

① 燕京大学第九届毕业礼之行进式 [J]. 图画时报 , 1927(372): 0；燕京大学举行第九次毕业礼 [J]. 北洋画报 , 1927(100):1.

② 学校纪念礼 燕京大学举行毕业礼时之情形 [J]. 中国大观图画年鉴 , 1930:90.

③ 一九四一年度燕京大学毕业典礼 [J]. 沙漠画报 , 1941, 4(24):4.

3. 辅仁大学：学位服的中国化改造

辅仁大学成立于1925年，1927年正式招收首届学生。与其他教会大学一样，辅仁大学的毕业典礼中，毕业生也需身着学位礼服。1936年的《公教进行》有一篇《辅大本届公教毕业生之谢主弥撒》的报道，其中提到：

本届辅大公教毕业生共十二位，占该校本届毕业生十分之一。校务长韩神父，为勉励该毕业生到社会上服务，特于上主日（二十一），请于总监督前往该校献协助弥撒，并训话。

七时半，该毕业生着学士礼服，鱼贯入堂，跪在圣礼前数排。是时，圣堂几有人满之患。于大司铎，乃对该生等作一庄严之训话，全堂学生莫不从耳倾听。毕业生更注意有加。①

但与其他教会大学学位服的形制不同，辅仁大学学位服结合了中西两种文化的服饰特色。图5-29是1931年辅仁大学第一届毕业典礼中获得学士学位的11名学生；图5-30是1937年的《天津商报画刊》上刊载的“北平辅仁大学举行毕业典礼之一部分毕业生与校长陈垣氏合影”。由两图可见，毕业生的学位袍衣领为交领右衽；衣袖类似于传统的琵琶袖，袖摆大而袖口小，袖子有纹饰镶边，袖口内里呈白色。从图5-31和图5-32可见，学位袍上下一体，无束带，下摆左右两侧开衩。1931年毕业生脖子上的白色领角似乎是挂在脖子上的白色绶带的一端，绶带的大部分垂在了身后；而1937年毕业生的绶带则向身体前方下移了许多，

① 辅大本届公教毕业生之谢主弥撒 [J]. 公教进行，1936, 8(20/21): 658.

达到腹部的位置，此时学生的学位袍领口内还露出了白色衣领，表明当时校方可能对学位袍内的着装也做出了规定。两图中，毕业生头戴的学位帽虽然也是四方帽，但没有西式学位帽上的流苏，且并非以直角向前，而是以横边朝前。

图 5–29　辅仁大学第一届毕业生与教师合影（1931）[①]

图 5–30　辅仁大学毕业生与陈垣校长合影（1937）[②]

① 图片来源于辅仁大学校史馆。

② 北平辅仁大学举行毕业典礼之一部分毕业生与校长陈垣氏合影 [J]. 天津商报画刊, 1937, 24(26):1.

到 1948 年左右，辅仁大学的学位服总体形制未变，但学袍交领、袖形、下摆和学位帽出现细微变化，均增加了浅色有光泽感的镶边，变得更加精致华丽（见图 5–31 至图 5–33）。袖子从琵琶袖变为大袖，学位帽的底座边缘和顶部四周都加了一条浅色窄边。

图 5–31 辅仁大学社会系师长与毕业生合影（1947）[①]

图 5–32 辅仁大学教育系毕业生合影（1948）[②]

---

① 社会系师长与毕业生合影 [J]. 辅大年刊, 1947: 71.

② 教育系毕业生合影 [J]. 辅大年刊, 1948: 78.

这一时期，在毕业生的毕业独照中，学生们在统一的学位袍之下有不同的装束，通过领口显现出来。大多数学生在学位袍内都身着传统的交领衣服，少数男学生身着西式衬衣并打领带或领结，个别女学生则穿着旗袍。

图 5–33　辅仁大学 1947 年[①]、1948 年[②]毕业学生照片

整体而言，辅仁大学的学位服与明朝士人的常服十分相像。图 5–34 中的明俑所穿服装为直裰，衣式宽且长，谚语云“绵袖直裰盖在脚面上”，辅仁大学的学位服与直裰十分相像。明俑头戴的为四方平定巾，又称方巾，晚明时期巾式很高，被形容为“头顶一个书橱”[③]；飘飘巾是明代士大夫子弟喜爱的另一种巾，

① 文学院 文学士 [J]. 辅大年刊, 1947: 6.

② 文学院 文学士 [J]. 辅大年刊, 1948: 5.

③ 周锡保 . 中国古代服饰史 [M]. 北京：中央编译出版社, 2011: 401.

“前后都披有一片者，具有儒雅之风度”[①]。这两种巾从正面看均为方形，在某种程度上与辅仁大学的学位帽有类似之处。由此可以推测，辅仁大学的学位服可能是以明代士人服装为基本形制，加上西式学位服中的绶带共同组成。

图 5-34 直裰、四方平定巾、飘飘巾[②]

那么，辅仁大学作为一所教会大学，为何不直接使用西式学位服，而独辟蹊径以中国传统汉服作为其学位服的形制基础呢？我们暂未找到直接的官方说明，但从辅仁大学的建校背景和办学宗旨也许可以窥见一斑。当时新教教会已经在中国举办了不少教会大学，而天主教却实施“愚民传教策略，漠视高等教育，蔑视中国文化”[③]，仅举办了震旦大学和天津工商学院两所高校。对此，中国的两位著名天主教教徒，提倡新学同时也重视国学的英敛之和马相伯认为应该发扬明末天主教传教士利玛窦等人“专藉学问”并融入中国社会的策略，广邀博学通儒办学，提高天主教徒

① 周锡保 . 中国古代服饰史 [M]. 北京：中央编译出版社 , 2011: 403.

② 周锡保 . 中国古代服饰史 [M]. 北京：中央编译出版社 , 2011: 401−403.

③ 孙邦华 . 试析北京辅仁大学的办学特色及其历史启示 [J]. 清华大学教育研究 , 2006(4): 30–36.

的中国文化水平，以更好地传播教义，推动社会进步。① 他们作为辅仁大学建校的奠基人，确定了辅仁大学的办学理念和特色，将“注重介绍世界最新科学、发展中国固有文化”写入学校章程②，尤其重视中国传统文化教育，不久辅仁大学便成为中国现代文史哲教育的一大重镇。鉴于创校者对利玛窦的推崇和对中国优良文化的重视，辅仁大学以汉服作为学位服的基本形制而非沿袭西式学位服也就在情理之中了。值得一提的是，利玛窦融入中国社会的一个重要举措是“易服”，有研究表明其经常穿着的“儒服”正是直裰③（见图 5–35），这也是辅仁大学学位服的基本形制。

图 5–35 利玛窦和徐光启

① 刘贤 . 两所大学与两个时代 —— 天主教震旦大学与辅仁大学比较（1903—1937）[J]. 世界宗教研究 , 2009(4): 22–31.

② 孙邦华 . 试析北京辅仁大学的办学特色及其历史启示 [J]. 清华大学教育研究 , 2006(4): 30–36.

③ 宋黎明 . 利玛窦易服地点和时间考 —— 与计翔翔教授商榷 [J]. 北京行政学院学报 , 2017(6): 111–118.

除了辅仁大学在学位服上的中国化实践以外，当时还有一些个人也有类似的尝试。1928 年《上海漫画》第 17 期上有一则图文报道：

学位的等级上模仿外国制度的，其服装当然也是完全的外国式。但我们也可以拟制一种完全中国式的学位装，上图（见图 5–36）是张禹九君拟制的格式，那是同样尊严的，一身博学者所穿的制服；平顶冠前的几条须带，是用来表示学位的级别的。[①]

图 5–36 张禹九拟制的中国式学位服[②]

由图 5–36 可见，这一中国式学位服似为上衣下裳制，颜色似为黑色，传统汉服中的礼服多采用这样的形制；其学位帽明显与古时帝王所戴的冕冠相近，即底座之上一个长方形的冕板，前缀由珠线构成的旒。这款学位装的设计者张禹九在民国时期可谓

① 学位的等级是仿外国制度 [J]. 上海漫画，1928(17): 1.

② 同上。

精英人士[①]，这一尝试对他来说可能只是微不足道的一点业余乐趣，而非严肃的提倡和推广。笔者暂未找到其他类似报道，表明民国时期对学位服的中国化尝试可能相对有限。

（三）非教会私立大学

1. 总体特点

在学位服的使用上，非教会私立大学与教会大学的情况类似。笔者检索到 10 所非教会私立大学的毕业生在毕业典礼或毕业合影中使用学位服；4 所大学以学位服作为毕业生纪念独照的道具；4 所大学以长袍马褂为毕业典礼着装；另有 1 所大学的毕业典礼着装为西装（见表 5–3）。尽管抗战爆发后，一些私立大学因为经费困难但教育质量上佳而转为国立大学，但仍然延续了以学位服作为毕业礼服的传统，例如复旦大学。

表 5–3　非教会私立大学学生毕业典礼着装统计

毕业典礼服装类型	学校及年份
学位服	1. 复旦大学（1922/1929/1935/1941/1947） 2. 大夏大学（1928/1946） 3. 光华大学（1928/1947） 4. 大同大学（1926） 5. 厦门大学（1929/1935） 6. 北京平民大学（1927） 7. 私立广州大学（1947）

① 这位设计者张禹九应为张嘉铸，是张君劢、张嘉璈、张幼仪的弟弟，出身富家望族，清华肄业赴美留学，爱好文学、艺术。在美期间，便与闻一多等人一起发起“国剧运动”，编导中国戏剧，与林徽因、梁思成、梁实秋等人一起成立“中华戏剧改进社”；1926 年回国后居住上海，发起成立新月书店，经营云裳服装公司，扮演了“艺术爱好者兼资助人”的角色。20 世纪 30 年代后得其兄长帮助逐渐成为金融界的大人物。参见：韩颖．“新月”前后的张嘉铸 [J]. 中国现代文学研究丛刊 , 2011(8): 206–212.

续表

毕业典礼服装类型	学校及年份
学位服	8. 中国公学（1924） 9. 中华大学（1924） 10. 成都大学（1935）
学位服个人照	1. 复旦大学（1920/1922/1923/1924/1928） 2. 厦门大学（1947） 3. 中国公学（1927） 4. 南通学院（1943）
西装 / 衬衣	上海法学院（1936）
长袍马褂	1. 南开大学（1931） 2. 北京平民大学（1929） 3. 北京中国大学（1926） 4. 上海法学院（1930）

如何理解这么多的非教会私立大学在毕业典礼或合影中使用学位服呢？从这些高校的地理位置来看，它们大多位于江浙沪粤等东南沿海地区，往往更加开放和国际化；从学校性质来看，其私立性质在一定程度上赋予它们更大的灵活性和自主性；从创校背景来看，一部分大学由教会大学或非教会私立大学的中国师生离校创办，其“前身”就有使用学位服的传统，如复旦大学、大夏大学等。可以说，多种因素的共同作用形成了非教会私立大学的着装特点。

下文分别从使用学位服和长袍马褂的高校中提取几个典型进行详细说明。

2. 复旦大学、厦门大学等：青睐学位服的私立高校

复旦大学始创于1905年，原名复旦公学，于1917年定名为复旦大学。它在某种程度上可以说脱胎于教会大学震旦大学，其缘由是由马相伯先生创办的震旦大学被法国耶稣会干预校权，因此130名学生愤然离校，拥戴马相伯另立新校。

早在1922年，复旦大学的江湾新校落成仪式上，校长和其他来宾便身着学位服参观校园（见图 5–37）。复旦大学多年的毕业典礼和纪念摄影中，毕业生均身着学位服（见图 5–38）。除毕业典礼外，毕业生也会身着学位服拍摄个人纪念独照。

图 5–37　复旦大学江湾新校落成仪式（1922）[①]

图 5–38　复旦大学 1922 年毕业典礼后合影[②]

1946 年的《中华时报》有一则《别矣，母校！复大毕业礼花絮》的报道，以毕业生的口吻对复旦大学的毕业季情形做出了详细描绘，其中与服饰相关的描绘如下。

---

① 新校落成游行纪念 [J]. 复旦年刊, 1922(4): 180.

② 复旦大学毕业礼 [J]. 时报图画周刊, 1922(105): 0.

拍照了，一系系分别在子彬院正门前摄影，带上了方帽，穿上了道袍，即使最顽皮的同学，亦显得道貌岸然，即使最温和的女同学，亦显得生硬冰冷。

……

团体照拍过后，拍个人照，冬青前，草坪旁，石阶下，白柱旁，石台上，严肃中充满活泼的生气，若将此项照片收集起来，蔚为大观，可以开一“学士游园记”摄影展览呢。①

由这则报道可知，当时人们也把学位服称为“方帽道袍”。需要指出的是，道袍虽指道家法服，但并非专指道士所着服饰，“凡一般文人士人也都着此。其形制是斜领交裾，四周有用黑色布为缘者，或用茶褐色为袍制者则又称谓为道袍”②。到近现代后，人们在日常用语中也以“道袍”指代传统汉服或褒衣博带式服装，而不再局限于其原意。比如，1934 年《人间世》杂志上丰子恺讽刺当时中国家庭中所挂的画时说到，“老是古代的状态，不是纶巾道袍，曳杖看山，便是红袖翠带，鼓瑟弹琴”③。1947 年《一四七画报》一则《尚有道袍在 何须再借衣》的报道将道袍指代法官所穿的法衣。④

抗战爆发后，复旦大学一部分留在上海，一部分内迁至重庆。由检索到的图片来看，迁移到重庆的复旦大学师生可能因为条件所限而在毕业合照中穿着日常服饰，留在上海的师生仍然保留穿着学位服留影的传统（见图 5-39 和图 5-40）。

---

① 友玫 . 别矣，母校！复大毕业礼花絮 [N]. 中华时报，1946-06-21(2).

② 周锡保 . 中国古代服饰史 [M]. 北京：中央编译出版社，2011: 263.

③ 丰子恺 . 文言画 [J]. 人间世，1934(1): 35-36.

④ 急战斋主 . 尚有道袍在 何须再借衣 [J]. 一四七画报，1947，16(5): 9.

图 5–39 复旦大学联合大学大夏毕业同学摄影纪念（1937）[①]

图 5–40 复旦大学 1941 年夏季毕业同学全体摄影[②]

与复旦大学类似，大同大学、光华大学和大夏大学 3 所大学也是从其他大学分离出来，且在毕业典礼中使用学位服。大同大

① 图片来源于复旦大学校史馆。

② 图片来源于复旦大学校史馆。

学是由不满外国人主政清华大学的 11 名教师筹建，光华大学是从圣约翰大学中脱离的 500 多名中国师生设法筹建，大夏大学是厦门大学 300 余位师生由于学潮而离校所建。图 5–41 至图 5–43 分别是三所大学毕业生穿着学位服的照片。

图 5–41 大同大学 1926 年部分毕业生合影[①]

图 5–42 光华大学 1947 年毕业典礼[②]

① 记大同大学第十二届毕业礼 [N]. 时报，1926-07-05(7).

② 今年的学士群 [J]. 艺文画报，1947，2(1): 13.

图 5-43 大夏大学 1947 年毕业合影[①]

除了上述几所“脱胎”于其他高校的大学以外，由爱国华侨陈嘉庚创办的厦门大学也在毕业典礼中使用学位服。从笔者检索到的资料来看，尽管在一些毕业合影中，学生的服装为西装、学生装或长袍马褂（见图 5-44），但在毕业典礼这样的仪式性场合中，毕业生均穿着学位服。1932 年的《厦大周刊》上有一则《举行第七届毕业典礼志盛》的校闻，提到“各教职员及毕业生，先集生物院校长会客厅，各穿礼服，整队入大礼堂”；1935 年《厦大周刊》则以图片报道了举行毕业典礼时的情形（见图 5-45）；图 5-46 是厦门大学八周年毕业典礼的照片。

① 今年的学士群 [J]. 艺文画报, 1947, 2(1): 13.

图 5–44 厦门大学 1933 年秋季毕业同学暨教职员合影；1936 级全体毕业同学合影；1947 级毕业照 ①

① 厦门大学网上展馆 [EB/OL]. [2020-07-01]. http://wszg.xmu.edu.cn/.

图 5–45　厦门大学 1935 年毕业典礼[①]

图 5–46　厦门大学八周年毕业典礼[②]

其他还有几所声誉相对较弱的大学也使用学位服，比如位于武汉的中华大学和位于成都的成都大学，这是笔者检索到的仅有的两所地处中西部地区且使用学位服的非教会私立大学。1924 年《教育与人生》杂志有一则《中华大学制定冠服》的短报道，其内容为："中华大学于上月二十三日举行加冠服礼，毕业生由校

① 举行毕业典礼时的情形 [J]. 厦大周刊 1935: 1.

② 厦门大学网上展馆 [EB/OL]. [2020-07-01]. http://wszg.xmu.edu.cn/.

长陈时亲加冠服。闻此项冠服，系酌采古制而定。冠系方顶，右缀以旒，服系蓝色，周围饰以绛缘，颇美观云。”[①] 尽管这则报道没有配图，但由其中的描述可知，中华大学这一“加冠服礼”实际上就是毕业典礼；方顶有流苏的帽子是学位帽，蓝底饰深红边的礼服是学位服。“系酌采古制而定”表明当时人们可能对于学位服还不够了解，将其误认为是模仿中国古代褒衣危冠的儒生装束；同时也从侧面表明，时人对西式学位服的接纳可能也缘于它与中国古代读书人服饰的相似性。

3. 南开大学：拒绝西式学位服，坚持长袍马褂

除了大部分使用学位服作为毕业典礼礼服的非教会私立大学以外，以南开大学为代表的少数几所私立大学毕业典礼上，毕业生的着装为长袍马褂。与其他声誉卓著的非教会私立大学不同，南开大学毕业典礼相关的报道十分有限，其中 1931 年《北洋画报》的报道最详细，摘录如下：

南开大学第九次毕业典礼于廿日下午五时在秀山堂举行。同时市府去年由海光寺移赠该校之大钟，亦举行开钟礼，一盛会也。

钟甚大，悬朱红铁架下，掩映绿树丛中，下有高大之石基，周雕花纹，古模而典雅，因是日得文凭者凡三十四人，故钟亦撞三十四下，其声沉着雄浑，坐礼堂中听之，其声铿然，若在古寺。

[……]

到教授六人，西装者一，余皆白纺绸长衫，几如制服，毕业

① 中华大学制定冠服 [J]. 教育与人生 , 1924(38): 3.

生除女性三人外，皆白袍玄褂，一行行来，若见富连成之进春和焉，不穿外国道袍，戴四方帽，可谓不欧化者矣。[1]

通过报道可知，南开大学的毕业典礼中，师生似乎是有意不使用学位服，而采用中国的长袍马褂和白色长旗袍作为毕业生的礼服装束（见图 5-47）。上述报道的作者对这种避免欧美风俗的做法十分赞赏。值得注意的是，南开大学的校长张伯苓曾留学美国，当时校刊上的张伯苓便身着西式学位服。那么为何南开大学不像其他多数私立大学一样以西式学位服作为毕业典礼礼服呢？这也许与校长张伯苓的办学思想有关。建校早期，南开大学的教学也十分西化，课程、教材直接照搬国外大学，以至于 1924 年南开大学学生公开批评，在校内引起很大反响。这促使张伯苓反思和改变其教育方针，并在 1928 年的《南开大学发展方案》中

图 5-47　南开大学 1931 年毕业典礼（中为张伯苓）[1]

① 秋尘 . 八里台听钟记 [J]. 北洋画报 , 1931, 13(641): 1.

② 本月二十日行举业礼之南开大学第九期毕业生全体合影 [J]. 天津商报画刊 , 1931, 2(33): 1.

明确提出“土货化”的办学方针，即“以中国历史、中国社会为学术背景，以解决中国问题为教育目标的大学”，实现“知中国”“服务中国”的理想。[①] 由此看来，20 世纪 30 年代南开大学以长袍马褂作为毕业典礼服装、避免欧化的做法与其“土货化”办学方向可谓一脉相承。

从笔者检索到的图片资料来看，当时南开学生的平时着装便是白色长袍和旗袍，未见学生装，可以推测长袍和旗袍是南开大学学生的制服（见图 5–48 和图 5–49）。毕业典礼上，男生在长袍外加上黑色马褂，与民国政府规定的礼服形制一致，显得更为庄严。

图 5–48 南开大学青年会

① 吴立保 . 中国近代大学本土化研究 —— 基于大学校长的视角 [D]. 上海：华东师范大学 , 2009.

图 5–49　南开大学 1935 年毕业生全体合影（中为张伯苓）[①]

三、学位服在民国大学扩散的动力机制

回顾民国高校的毕业礼服可知，多数私立大学曾以西式学位服作为毕业典礼礼服，而绝大部分公立大学的毕业典礼仍然沿用长袍马褂、西装或学生制服。此外，教会大学亦曾对西式学位服做出中国化改造；非教会私立大学亦有不趋欧美风俗、拒绝西式学位服者，坚持以传统袍褂为毕业礼服；还有一些未采纳学位服的公、私立大学借用学位服作为拍摄毕业生纪念独照的道具。在了解了民国大学使用学位服的整体情况后，我们还有必要反思民国时期大学接受西式学位服的动力机制。

一方面，如果说教会大学移植欧美大学的服饰传统在情理之中，那么如何理解有同样多的非教会私立大学甚至个别公立大学也自发地将其作为毕业礼服？一些并不在毕业典礼中使用学位服的大学为何也以之作为毕业生“定妆照”的道具呢？

从新制度主义理论的视角来看，众多非教会大学采纳西式

① 南开大学本年男女毕业生全体合影 [J]. 天津商报画刊，1935，14(39): 1.

学位服可以视为一种“组织同型”[①]，但它并非由政府的强制规定所致，而主要是模仿和规范作用的结果，即对欧美大学和教会大学的模仿，以及接受过海外教育的人士对西式学位服的认同和提倡。前文已经提到，不少私立大学的创校者曾任教于教会大学，而当时许多高校教师都有西方留学背景。另一个有趣的例子是，1918年年初，若干北大教师向校评议会提交了一项题为《制定教员学生制服》的提案，建议“采用欧美通行之cap and gown（冠与袍）为大学制服”，而提议的首要理由便是“合乎大学制服之通例”。[②]该提案获得校评议会通过，尽管似因经费限制而不了了之，但却折射出学位服得以在民国高校扩散的部分机制。

除了组织层面的解释，我们还需考虑社会心理层面的原因。应当看到，“毕业”在任何教育阶段都不是一个简单平常的事件，大学毕业更是如此，它是四年高深教育的完结，也是大多数毕业生正式学校教育的结束，故尤其需要一定的仪式、象征和符号来纪念。源自西方大学的学位服是各类服饰中独一无二的、仅用于学位授予等重要学术场合的礼服，很大程度上满足了大学毕业这一仪式性需求。可以说，正是学位服独特的象征意义和符号功能使之为广大师生所接受。诚如清华校刊上“商榷”文所言：“在那全级同学行将劳燕分飞，离别母校之前，能够这样服式衮衮的合留一影，也未始不是一件畅快的事情。”[③]

---

① P. J. DiMaggio, W. W. Powell. The Iron Cage Revisited: Institutional Isomorphism and Collective Rationality in Organizational Fields[J]. American Sociological Review, 1983, 48(2): 147–160.

② 江勇振 . 舍我其谁：胡适（第二部）[M]. 杭州：浙江人民出版社 , 2013: 63–64.

③ 希贤 . 穿学士礼服的商榷 [J]. 清华周刊副刊 , 1931, 36(2): 1.

当然，民国时期在服饰等社会生活方面向西方学习的风气，以及西式学位服与中国传统士人褒衣危冠的相似性，可能也为人们接受这种礼服提供了一定的心理基础，正如前文中《中华大学制定冠服》的新闻报道所示。事实上，西式学位服不仅为前述的二十多所大学所直接采用，而且也逐渐在社会大众的心目中成为大学毕业、获得学位甚至高等教育本身的象征。例如1936年《新闻报》《时报》上关于“补脑良药脑力多”的广告词提到“彼等因脑力充足，而荣获最高学位”，配图便是身着西式学位服的毕业生漫画；再如部分报纸中关于大学的新闻版块以学位帽的漫画形象作为其标志，类似的例子不胜枚举。

另一方面，如果说大学的毕业典礼需要一定的文化符号来彰显其仪式性和纪念性，那么为什么一定是舶来的西式学位服满足了这一需求，而不是中国的传统服装呢？尤其当考虑到中国是一个文化教育十分发达的文明古国，且中国传统的科举等第制度与西方的学位等级制度也曾被相提并论（比如利玛窦曾将中国的秀才、举人和进士类比于西方的学士、硕士和博士[①]），中国在文教、礼仪和服饰上其实都有充足的传统文化资源可以满足大学毕业和学位授予典礼的仪式和符号需求。对此，民国“破旧立新”的时代特征可以提供部分解释。由于我国传统文教礼仪和服饰背后的思想基础是儒学，清末民初虽然有多次“尊孔复古”的潮流，但儒家文化在总体上是随着科举废除、帝制瓦解、新文化运动等被批判、削弱甚至打倒的，比如民国初建便在教育上“废除

①〔意〕利玛窦,〔比〕金尼阁. 利玛窦中国札记[M]. 何高济，等译. 北京：中华书局，1983: 36−42.

尊孔的教育宗旨，停止小学读经，废除祭天祀孔典礼，没收孔庙学田以充小学教育经费，废止跪拜孔子等”[①]，此后新文化运动更以“打倒孔家店”为战斗檄文。在此背景下，与儒家伦理道德、科举制度以及封建帝制有关的传统文教等级和服饰礼仪自然难以同提倡科学和民主的现代大学建立关联。就此而言，西式学位服——而非中国传统的文教礼仪服饰——在民国时期成为具有合法性的毕业礼服，某种程度上可谓“历史的必然”。

四、结语

本章借助报纸杂志的公开报道，考察了民国时期不同类别大学的毕业服装特点，分析了学位服在民国大学扩散和演变的动力机制。研究发现，清末和民国政府都曾规范大学生服饰，但均未规定学位服。在强制规定缺位、传统文化式微和学习西方服饰礼仪的潮流下，西式学位服由教会大学引入后便获得天然合法性，并在模仿和规范机制下扩散到众多非教会私立大学和个别公立大学。受学校性质、办学理念、经费条件等多种因素的影响，民国大学对西式学位服的态度包括接受、改造、借用和拒绝等多种类型。

回顾历史是为了更好地认识当下。考察民国大学对学位服的接受史，至少可以为我国当前的学位服改革提供如下两方面启示。

第一，学位服是高等教育和学位授予的象征，应具有区别于其他礼仪服饰的独特性。民国官方对正式场合的礼服有明确规

① 邹小站. 儒学的危机与民初孔教运动的起落 [J]. 中国文化研究, 2018(4):16–38.

定，即长袍马褂、西装及后来的学生装，但众多大学仍以学位服作为毕业礼服，一个重要原因便是它独一无二的象征意义和符号功能。无论是私立大学师生在毕业典礼上穿着学位服，还是清华大学等公立大学学生借用学位服拍照留念，抑或是北大教师提议以学位服作为大学制服，都反映了大学对学位服独特性的要求。因此，在学位服的改革中，应避免将其他服装形制（如传统汉服）简单复制到学位服的设计中，而应通过适当的改造，以确保学位服的独特性和辨识度。

第二，学位服具有重要的文化传承和教育价值，应具有中国特色。反思民国大学对学位服的接受史，如果说接受或借用学位服的大学主要是取其象征毕业的仪式功能，那么持改造或拒绝态度的大学无疑对学位服的意义有更深刻的理解。辅仁大学对学位服的中国化改造，南开大学对西式学位服的有意拒绝，甚至部分清华大学学生对借用学位服的质疑，都反映了师生可贵的文化自觉意识。“非西式学位服”的选择不仅关注到毕业服装在学生“最后一课”中的教育意义，在内忧外患的时代，也蕴含着保存和发扬中国优秀传统文化、激发大众爱国热情的深远考虑。这种理念与实践不仅在当时难能可贵，对于今天如何发展学位服和大学文化也深具启发。

第六章　中国当代大学学位服

一、从学位制度建立到新中国学位服的诞生

（一）清末民国时期的学位制度和学位服

每一种古老的职业，几乎都有对应的礼服。无论神职人员的黑袍，医生的白大褂，还是法官与律师的法袍，都是职业文化身份建构中极其重要的组成部分。这些职业礼服不仅确立全社会对特定职业群体的外在观感，也塑造着群体内部的自我认同。而大学，正是这些古老团体中的一个。

学位服是大学最重要的礼仪标记和文化象征之一。相比之下，西方大学主要基于自身文化发展出学位服传统，而现行中国大学的学位服主要是教育部主导之下的产物。学位服的文化根基及其发展演变，在学术文化和大学教育中承载的意义，均是值得探讨的教育文化学问题，也理应成为大学文化建设中的重要组成部分。

学术礼服在中国的出现与现代大学在中国的建立紧密相联。现代意义上的大学在19世纪下半叶由西方传教士引进中国[①]，早

① 1879年，圣公会在上海建立圣约翰大学（Saint John's University），被认为是中国第一所教会大学，也是第一所现代大学。较中国自主建立的北洋大学（1895）、京师大学堂（1898）略早。

期的大学多数由来华传教士或修会开办。由外国人创办的大学在将西方教育带入中国的同时，也刺激了本土教育机构的创生和转型，并引发国内教育人士对于教育主权的担忧。国内有识之士并不满足于将高等教育交于外人之手，国内的大学或类似大学的机构也在19世纪末纷纷成立。到20世纪初，中国已经具备了虽然稚嫩但初具雏形的现代高等教育制度，学位制度也随之在大学建立和发展起来。

由于早期大学的制度往往照搬自来华办学的外国人的母校或母国，当时的学位服也多是从外国直接引进。尤其在学位的最终审批权掌握在外国校长或校董手中的那些学校，整体文化氛围都弥漫着浓浓的外来风气，往往大量聘用外国教师，沿用外国课程体系，也直接使用来自外国的学位服。到了民国时期，少量的自主设计的学位服开始出现，例如辅仁大学曾使用过汉服式学位服，而且这套服装出现在神学院（司铎书院）。在一个最为西化的学院，出现最具有中国风格的学位服设计，这至少说明在中国高等教育尚在起步阶段的时候，本土的文化意识就早已萌发。不过，直到中华人民共和国成立以前，各高校使用的学位服仍然以引进外国样式为主。由于高等教育的发展独立性本身不足，自主的大学文化还是一个较为边缘的问题。

（二）改革开放后学位制度的恢复

中华人民共和国成立后，很长一段时间我国都并未建立系统的学位制度。中华人民共和国成立初期，教育全面学习苏联。在此期间，我国曾尝试引进苏联式学位制度（科学博士、副博士等），但由于历史特殊原因而没有成功。于是，曾经拥有的仿照西方的学位制度被废弃，又未学习苏联学位制度，在很长一段时间里，虽然我国已经拥有相当规模的高等教育，但学位制度一直是空缺状态。没有实行学位制度，也就不存在学位服或专用的学术礼服。

1980 年 2 月，第五届全国人民代表大会常务委员会第十三次会议通过了《中华人民共和国学位条例》(下文简称《条例》)，并于 1981 年 1 月 1 日正式实施。《条例》第三条规定：学位分学士、硕士、博士三级。自此，我国高校正式恢复学位制度，并实行国际通行的三级学位。《条例》还对国务院学位委员会、高校及研究机构的学位评定委员会等情况做出规定，并对授予名誉博士这一特殊情形也做出规定。1981 年，恢复高考之后的第一届毕业生被授予学位。自此，中国大学都遵循的这一套学位制度，已经成为现代中国高等教育的基本组成部分。

不过，该《条例》和相关规定并没有涉及大学的仪式和礼仪。因此，学位服的使用起初并未在教育管理部门的计划之中。在北京大学 1977 级毕业生的毕业留念（1981 年 10 月）中，毕业生的服装以中山装、青年装或干部服为主。到 20 世纪 80 年代中后期，毕业照上的学生服装更加多样，有的男生穿上了衬衫，并打了领带。不过，大学在建立自身的文化和礼仪方面有自发性，一套“正式、有礼仪性”的服装体现了大学在文化和礼仪方面的自发追求。从 20 世纪 80 年代开始，学位授予仪式及其配套服装成为中国大学的自发需求，一些大学校园里出现了自行设计或仿制的学位服，这种自发行为也成为后来诞生官方版本的先声。

（三）学位服恢复使用和 1994 版学位服的诞生

学位制度恢复之后，学位授予仪式和学位服成为一种潜在需求。这一现象受到了教育管理部门的注意。1992 年，国务院学位委员会与北京服装学院成立了联合课题组，开展“建构中国现代学位服体系”专题研究，并设计中国大学的学位服。①

1994 年 5 月，《国务院学位委员会办公室关于推荐使用学位服的通知》（下文简称《通知》）发布，标志着新中国拥有了自己的学位服。《通知》附上了学位服设计简图和穿着规范。自此，这套“新中国学位服”在国内各大学推广使用，并具有一定的官方权威性。《通知》中有一条规定，“今后，其他式样学位服一律废止”，这既说明在 1994 年之前，已经有学校自发使用各式各样的学位服，也使得在此之后几十年间，各大学使用的几乎都是这一款学位服。

1994 年的新中国学位服是“国家学位”的典型象征，其中体现了“整齐划一”的思想，《通知》中多次出现“规范统一”“严格管理”“严肃对待”等字样，体现了大学学位背后的国家性认可和严肃性。不过，在学校特色与大学自身文化方面，也显得略有缺憾。

二、中国大学学位服的使用现状

（一）1994 版学位服及其完善

1994 版学位服已经诞生近 30 年，仍是目前国内多数高校使用的版本。对许多在 20 世纪 90 年代后接受大学教育的人而言，

① 马久成，李军 . 中外学位服研究 [M]. 北京：中国人民大学出版社，2003: 43.

1994 版学位服就是学位服的应然代表。

当然，1994 版学位服自身也在不断发展和完善。在最初公布的版本中，学位服只有硕士、博士和导师三种样式。博士服和导师服同为红黑配色，博士服为黑袍红边，而导师服为红袍黑边。由于当时博士毕业生极为稀少，且几乎都迅速充实到高校教师队伍中，这两种服装的相关性是不言而喻的。硕士服为蓝、深蓝配色，与博士服结构相同，但颜色上加以区别。

1994 版学位服最初没有包括学士服，且《通知》专门注明“学士服暂不推荐实行”。如果考虑到学位服在当年带有“试点”的特征，也不难理解其最初只涉及毕业生中的少数人。1994 年，全国普通高等学校毕业 63.74 万人，其中获得硕士学位者不过 22000 余人，而获得博士学位者只有 3160 人。[①] 从推行的难易程度和学位的象征意义来看，从数量较少、学位较高的硕博士开始推广学位服是可以理解的。不过，长远来看，硕士、博士研究生在大学生群体中属于少数，如果将学位授予仪式和学位服局限于硕博士生，相当于把一个重要的仪式场合变成了少数人的特权。这既不符合师生的心理期待，也不利于实现大学的育人目的。于是，在实践中，与硕博士服结构相同，但颜色改为全黑色的“学士学位服”极为自然地诞生，并且成为最常见的款式。

在 1994 版学位服中，所有的教师角色——包括校（院）长、学位评定委员会主席、导师都穿同一种学位服。然而，现实当中，极少有学校在学位授予仪式中，不分校领导和导师，全部穿

① 中华人民共和国国家教育委员会计划建设司 . 中国教育事业统计年鉴 :1994[M]. 北京 : 人民教育出版社 , 1994: 18, 36-37.

导师服。多数学校为校长选择专用的学位服。校长服大多较为华丽，常使用以红色为主、金色配饰的款式。

发展至此，学位服实际上拥有五种款式：学士服、硕士服、博士服、导师服和校长服。五种服装结构基本相同，但配色相异。使用1994版学位服的高校数量最多。少数学校会在1994版学位服的基础上增加一些装饰，如在胸口绣上校徽，或增加一条绶带；个别大学（如西藏大学）会将哈达应用到学位授予仪式中。

总体而言，研究者通过互联网收集了近十年来各高校的毕业典礼和学位授予仪式的新闻报道图片，发现多数高校都使用1994版学位服或只加以轻微改动。这一类高校目前占大多数，对于体现学校个性的要求不太强烈，与学位服和学位授予仪式相关的配套文化建设也发展较慢，他们扮演的是“规则的遵循者”角色。

（二）对1994版学位服进行部分修改的式样

在1994版学位服发布之后，既有许多大学遵循教育部的规则，也有部分大学仍保持通过学位服体现学校自身文化特征的强烈动力。当大学具备强烈的自身文化建设动力，而既有规范并未与时俱进地修订时，自发的实验和改进必然会诞生。二十多年来，已经出现了诸多自主改进或设计的实践，这类改动往往依据明确的设计思路或理念来源对1994版学位服进行修改，通过调整配色、徽章、纹饰等方面体现学校特征，未改动的部分则保留1994版原样。

部分学校侧重于教师角色服装的修改。这类学校为校长和教师设计专门礼服，更具有象征意义、更隆重和华丽的礼服有利于提升礼仪形象，增加学术权威感。

例如浙江大学，为全体教师设计以黑蓝为配色的专门礼服，学袍主体为黑色，有亮黑色门襟和红色襟线，袖身有三道蓝色饰条。最突出的特点是将浙江大学的校徽“求是鹰”融入领布图案中[①]，学校特色十分突出。而浙江大学毕业生穿的则是加缀校徽的1994版学位服。

暨南大学则为领导和教师设计了以紫色为主色调的学位服。校长服为紫袍、金色门襟，袖身有三道金色饰条，黑底缀金色领布。导师服和校长服款式相同，为紫袍、黑色门襟，袖身有三道紫色饰条，紫色配金色的领布。此外，暨南大学还有一种为礼仪中负责执权杖的导师特别设计的礼服，与导师服样式相同，但为深红 / 深蓝配色。以上各种服装均配黑色方帽。而暨南大学学生穿的也是1994版学位服。[②]

华南师范大学则为领导和教师设计了以红色为主色调的学位服。校长服为红袍、金色衬里、金色绣花绶带、黑底金色双层领布。教师服为深红袍、银色衬里、银色绣花绶带、黑底银色双层领布。更加独特的是，华南师范大学的学位服不仅袍子裁剪更加宽松，而且校领导和教师佩戴有穗圆帽，而非更常见的方帽。学生则穿传统1994版学位服。由于华南师范大学不仅改变了学位服的配色，还改变了裁剪，因此教师服饰和学生服饰同时出现

---

① 柯溢能．浙江大学举行2020届本科生毕业典礼暨学位授予仪式[EB/OL].（2020-06-29）[2020-11-30]. http://www.zju.edu.cn/2020/0629/c32862a2159099/pagem.htm.

② 王颖．毕业暨 | 这是一场青春盛宴 暨南“小骄傲”毕业快乐[EB/OL]. (2018-06-30) [2020-11-30]. https://www.sohu.com/a/238619284_659943.

时，略有不协调之感。[①]

有的学校同时修改教师和博士的学位服。复旦大学的本科生和硕士生都穿 1994 版学位服，但校长、教师和博士另有设计。[②]校长服主体为红色，袖身有三道金色饰条，领布为红底金色。教师服主体为黑色，袖身有三道金色饰条，领布为黑底金色。博士服主体为黑色，袖身有三道红色饰条，领布为黑底红色，不区分学科。复旦大学学位服的最大特色是博士、教师和校长的学位服都有袖子上的三道饰条，这种设计在美式学位服中十分常见。

有的学校偏重于修改学生服装，尤其是学士服。清华大学和北京航空航天大学的学士服都做了特色化更改。清华大学的学士服是黑袍配“清华紫”宽门襟，且方帽上的穗子也是紫色。清华大学的教师服也有相应的紫色配饰。[③]北京航空航天大学修改学士服的方式与清华大学相似，为黑袍配上“北航蓝”的宽门襟，除此之外还在袖身增加一道饰条。北京航空航天大学的教师服则是红色为主，黑色门襟，袖身有四道黑色饰条。[④]相比之下，清华大学和北京航空航天大学的硕士服和博士服则是 1994 版，并没有鲜明的学校特色。

---

① 吴碧彤，许曼玲，郑敏，肖杨钟 . 华南师范大学举行 2019 届毕业生毕业典礼暨学位授予仪式 [EB/OL]. (2019-06-25) [2020-11-30]. https://news.scnu.edu.cn/25364.

② 复旦大学举行 2015 届研究生毕业典礼 [EB/OL]. (2015-07-03)[2020-11-30]. https://xxgk.fudan.edu.cn/47/cb/c5197a83915/page.htm.

③ 吕婷 . 清华大学 2020 年本科生毕业典礼举行 [EB/OL]. (2020-06-23) [2020-11-30]. https://news.tsinghua.edu.cn/info/1003/80147.htm.

④ 任超 . 新华社：北京航空航天大学举行 2020 届本科生毕业典礼 [EB/OL]. (2020-06-29) [2020-11-30]. https://news.buaa.edu.cn/info/1006/52027.htm.

总而言之，对 1994 版学位服做出部分改动的这些学校，往往都有在学位服上体现本校文化的意愿。这些改动具有较为清晰的目的，加入的往往是具有明显学校特征的元素（颜色、标志等），但尚未形成整体的文化理念。总体上与 1994 版学位服保持一致，又突出了学校自身特点。

（三）整体设计的新学位服

还有一些学校，为校长、教师、学士、硕士、博士分别设计专门学位服，且形成一个整体。这类学校数量最少，但设计通常有明确的设计理念，对学校特色的体现非常强烈，而且除了推出服装，通常还配有对设计理念的解释和说明。因此，这些自主设计的全套学位服往往有较大的影响力，成为学校文化的明确象征。

中山大学于 2005 年启用全套新学位服。学士服为黑袍，门襟缀绿色（中大标志色）襟线，红黑领布（不分专业），配方帽。硕士服主体为深蓝色，缀绿色襟线。博士服主体为深红色，缀绿色襟线，袖身有较浅的三道饰条，方帽为红色。硕士和博士的领布按学科大类分为四种颜色。教师服为深红袍长袍，门襟和领布均为金红配色，袖身有三道饰条。校长服与教师服设计相似，但以金色调为主。教师和校长的学位帽均为圆帽。[①] 中山大学学位服不仅外袍统一，白衬衫和红领带也统一穿着，仪式效果十分整齐。而且所有的长袍都有中大标志色的绿襟线，且内藏暗褶，穿着时增加飘逸感。同时，中山大学是目前唯一不在学位服中添加

① 徐颖，李佳怡. 除了中大权杖，你的毕业典礼还要解锁这几样秘宝 [EB/OL]. (2018-06-26) [2020-11-30]. https://www.sohu.com/a/237959604_688419.

任何中式元素的学校，不仅整体采用西式设计，连细节处常用的中式盘扣、中式纹样都没有采纳。

中国人民大学在2007年左右更换全套学位服，学生的学位服主体均为黑色，学士、硕士、博士服的门襟和领布分别为红色、蓝色、金色。教师服和校长服主体为红色，缀黑色门襟，袖身有四道黑色饰边，校长服比教师服多一些金色饰线。同时，每一件学位服都在领布前胸绣有校徽，领布不区分颜色。学生学位服和教师服均配黑色方帽，校长服配圆帽。[①]中国人民大学学位服的突出特色是用袖身上的一至四道饰条代表本、硕、博、教师的不同级别。这个设计来源于美式学位服的三道（博士、教师、校长）或四道（部分用于校长）饰条，但用来标志从本科到教师的级别则应该是国内自创。

以上两所大学自主设计的学位服体系完整，已经使用了十几年，在校内广受认可。近年来，还出现了少数几所自主设计全套学位服的高校。例如深圳大学以绿、蓝、红为主色分别用于学士、硕士、博士服，且深圳大学是少有的教师和校长服装无领部配饰（无领布、兜帽、绶带）的学校。还有以红、蓝、黑配色为主的广东外语外贸大学等。

美术类院校对于自主设计学位服往往具有较高的热情，中央美术学院、中国美术学院、广东美术学院等均由校内人士自主设计全套学位服，且各具特色，特征十分鲜明。中央美术学院自2016年起，每年都在学生当中征集学位服设计方案，中选者的方

① 新华网 . 中国人民大学举行2020届毕业典礼 [EB/OL]. (2020-06-30) [2020-11-30]. http://www.xinhuanet.com/photo/2020- 06/30/c_1126177390.htm.

案即被设计为当年的毕业典礼学位服，以至于中央美术学院近六年来每年都更换一套新的学位服。

通过以上分析可以得知，这些使用全套自主设计的学位服的学校，对于“体现自身特色”“彰显学校文化”的需求较为强烈，不仅体现在学位服的设计和制作投入上，还体现在对仪式的设计和执行上。一些学校（如中山大学、广东外语外贸大学、深圳大学）常常也积极使用“大学权杖”这一在中国并不常见的标志物，提升学位授予仪式的神圣感和权威感。然而，我们也应注意到，在全套自主设计学位服时，部分学校对于学位服应有的样式和功能把握不够到位，以至于服装样式过于标新立异，或是更换太快而失去大学的传承感。这些问题亦值得研究者和大学领导者反省和思考。

（四）不使用学位服或使用特殊学位服的院校

还有一些高等院校，一般不使用学位服，或使用特殊学位服。我们进行大学文化研究，有必要将其也纳入研究范围之中。

第一类是军事类高等院校，其毕业典礼上师生一般穿军装。对于军校毕业生而言，“军人”的身份认同往往要高于“大学生”的身份认同。部分军校的毕业典礼上学生也穿着学位服，但领布颜色显示他们一般属于军事医学或军事工程类专业，正式的“军事学”则十分罕见，这就造成1994版学位服设计的六种领布颜色中，红色的军事学一类很少在实际中使用。

第二类是职业特征非常明显的院校，一般拥有自己的制服。例如中国人民公安大学的学位授予仪式上，只有少量学生穿学位服，多数学生穿警服出席。而在中国民用航空飞行学院的毕业典礼上，只有校长穿校长服，毕业学生基本穿飞行员制服。

第三类是宗教院校。虽然宗教高等院校一般归属统战部而非教育部管理，但就大学文化建设而言，他们并不是局外人。在我国，佛教、道教、伊斯兰教、天主教和基督教五大全国性宗教分别拥有自己的高等院校，学位授予和毕业典礼举行也是其需求。

在宗教院校中，对学位服最为热心的是佛学院校。佛学院系统全面地设计了一整套学位服，从 2015 年投入使用。学位服由土黄色僧服和西式学位服整合修改而来，学位帽与服装同色，由领布和流苏区别学位等级。[①] 除了颜色以外，与 1994 版学位服形制基本一致。这套服装供佛学院的本科生和研究生（称为“学僧”和“研究僧”）穿用，佛学院导师和寺院领导一般穿隆重的僧人礼服。

天主教的神哲学院一般选用 1994 版学位服，但领布颜色使用并不遵循国内的规范。按中国高校的学科划分，宗教学属于文科，应使用粉色领布。但国内多数神学院校受到西方大学用红色代表神学的影响，往往选用红色领布。[②] 由于这类院校较为封闭，传播度较小，这种神学院校使用军事学领布的问题并未受到关注和讨论。

基督教神学院往往有自己设计的学位服，基本沿用西式，礼仪上也有部分变化。如金陵协和神学院在学位授予仪式中，不行拨穗礼，而是使用“授兜帽礼”[③]，是国内少有的不使用拨穗礼的

---

① 中国佛教协会 . 佛学院本科僧毕业典礼：学士服学士帽亮了 [EB/OL]. (2017-06-26) [2020-11-30]. https://fo.ifeng.com/a/20170626/44643107_0.shtml.

② 河北省天主教“两会”. 河北天主教神哲学院举行毕业典礼 [EB/OL].(2019-06-28) [2020-11-30]. http://www.chinacatholic.cn/html/report/19061235-1.htm.

③ 王晖 . 金陵协和神学院举行 2018 届毕业崇拜暨毕业典礼 [EB/OL]. (2018-06-27) [2020-11-30]. http://www.njuts.cn/wen.asp?id=957.

学位授予方式。

伊斯兰教和道教虽然也有中国伊斯兰教经学院和中国道教学院两所全国性高等院校，但没有见到在毕业典礼中穿用特殊礼服的报道。

这些不使用学位服和穿用特殊学位服的学校一般都有独特且强烈的身份认同。研究者认为，不必要求他们和普通高校保持统一，但是在文化研究和大学精神研究当中，不应该把这些院校视为局外人，他们同样是构成中国高等教育大家庭的一部分，在文化的丰富和多元上扮演着自己的角色。

三、中国学位服的形制及设计分析与建议

学位服研究既是大学文化问题，也是服装设计问题。一件设计良好、值得保护和传承的学位服，既需要好的文化理念和设计构想，也需要从材料、造型、生产等服装专业角度的研究和探索。下文以 1994 版学位服为主，对中国现行学位服进行分析，并给出修订和改进的建议。

（一）学位袍

1. 长袍的历史意义和当下价值

学位袍通常是一件覆盖全身，长及膝盖或以下的长袍。长袍几乎是一切学位服的主体组成部分。上下一体、能保护全身的长袍随着时间的流逝，除了基本的衣物功能外，也附加了各种文化和礼仪功能。

第一，长袍曾是一种身份和地位的象征。长衣虽然易于保暖并显得庄重，但并不便于生活和劳作，因此穿着长袍曾是上层身

份的象征，表明他们劳心而不劳力，能够享受某些特权。当然，如今社会贵族制已经消亡，长袍不再具有身份等级的含义。

第二，长袍是德行与修养的象征。穿上学者长袍，就意味着主动选择一种与繁华世俗保持距离的生活，更加追求内在的修养和灵魂的提升。同时，穿上长袍，就意味着在社会中向所有人昭示穿着者的身份，所有人都会检视其言行举止，这就要求穿着者必须以符合身份的标准严格要求自己。而在现代社会，则意味着穿着学袍者要主动选择追求真理的生活，并用符合自己学位的品德言行要求自己。

第三，长袍是大学专业的象征。现代大学的共同源起是欧洲中世纪大学，中世纪大学最初具有艺学（或称“文学”或“哲学”）、法学、医学和神学四个学院，其中，艺学院相当于实行通识教育的大学本科，而另外三个则是更为高级和职业化的学院。这四个学院分别发展出直到当今社会也穿着长袍的职业：神职人员和法律工作者一般穿着黑袍，医务工作者则以白衣为象征。而艺学院的传统就是大学教师职业团体（faculty）。涂尔干在《教育思想的演进》中，详细论述了为何学历最低的艺学院成为大学的实权团体和大学教师的核心构成。[①] 因此，大学教师（以及学位获得者）的学袍，至今仍是大学教师专业团体的象征，也是大学本身的象征。

此外，校长的服饰还有特别的象征意义，校长服多数以红色为主色。在西方许多大学，甚至一些有传统的公学（例如伊顿公

①〔法〕涂尔干．教育思想的演进 [M]. 李康，译．上海：上海人民出版社，2003: 113-114.

学）里，校长也会穿红色长袍或披风，因为红色象征为了捍卫真理而不惜流血牺牲。

在设计 1994 版学位服时，曾出现过“欧派”和“美派”的争论，争论的重点在于二选一，即模仿欧派还是美派。

美式学袍款式比较一致，颜色选择较为多样。很多学校喜欢以学校的标志色作为学袍主色，例如哈佛大学的深红色、哥伦比亚大学的浅蓝色、密歇根州立大学的绿色、普林斯顿大学的橙色……这种颜色选择体现出强烈的美国特色，与美国自由奔放的文化风格相符。但是研究者认为并不适合照搬到中国。中国文化有中和、内敛的一面，在严肃场合尤其应注意服装色彩不宜太过鲜艳而张扬。

欧式学袍在颜色上多数以黑色为主，但是款式则多种多样。变化多样的衣长、领型、袖型往往低调而奢华地体现出国家文化传统和学校特色。欧式学袍的多样款型极富本地特征。有许多款式已经在生活中销声匿迹，而只在某个特定历史时段出现。但大学一经选定，就往往不再更改。研究者认为这些具有考古意义的款式也不宜直接引进，应该选用一款简洁、通用、不带有过强的某国或某校特征的长袍。

当然，选用长袍结构并不需要模仿具体设计，中国学位服的长袍应该体现的是“外表朴素，精神升华”和“追求真理，捍卫真理”的精神。从本质上说，这才是大学的精神核心，也是全世界大学共享的精神财富。因此，中国的学位服使用“长袍”作为学位服主体，并以黑色为主色，十分合适。在此基础上进行真正的自主设计，才可能有真正的文化自信。

2. 学位袍的版型和长度

长袍的特征是整体较为宽大，以垂感和飘逸为美。从服装设计分类上看属于开放、半成型服装，开口部位较多，有一定立体结构，但不追求贴合人体形态。设计学位袍时，需要遵循长袍的一般原理。

1994 版学位服将学位袍设计为直筒型，许多文章称为“目”字型或“国”字型，意在表达学袍上下同宽，中间不收束腰身，也不刻意放宽下摆。然而，这种设计导致在实际制图和制作时，学位袍常被做成一个直筒。然而，服装的平铺效果和穿着效果是不一样的，做成直筒的学位袍实际穿着起来会显得上身臃肿，需要在袍身和肩片结合部打许多细小褶裥才能缝合。而下摆又不够宽大，甚至显得略窄。从设计者的本意来看，应该是追求学位袍穿着效果呈直筒型，这就需要在设计时上身略微改窄，减少肩部的褶裥，以免显得臃肿。而下摆略微加大，自然下垂后呈现垂直于地面的形态。

1994 版学位服的另一个值得改进之处是长度。按照现有的设计长度，每一型号的穿着效果刚刚过膝，显得不够大方庄重。尤其在大规模活动中，很难保证每位学生都能拿到正好适合自己的尺寸，如果有学生领到小一号的学位服，长度不到膝盖，则显得不够庄重。针对这一问题，建议从设计时就加大长度，在现行款式基础上加长 10—15 厘米，使标准长度达到小腿中部。这样，由于袍服有一定宽容性，大一号长不过踝，小一号短不过膝，能适合更多学生，也更能保持仪式的整齐肃穆。其中，校长、院长、导师的学位服长度应该接近脚踝，尽量不露出裤腿，以实现更加庄重的仪式效果。

3. 学位袍的颜色和配饰

颜色是服装的重要元素，既能呈现风格，也能表达情感，尤其是礼仪服饰，其颜色搭配不仅要追求美感，还要重视象征意义，极为讲究。1994 版学位服以黑、红、蓝三色为主，大方、简洁、庄重，整体上具有较为合适的配色。

其中有两个问题值得推敲：第一，导师服和博士服配色过于接近，两者都是红黑配色，版型相同，只是导师服为红袍黑边，博士服为黑袍红边。由于边缘很宽，几乎占到袖长和衣片的一半，从正面观，两者都是半红半黑的效果。遇到大合影时，博士和导师非常容易混淆。第二，硕士服选用的“蓝色 + 深蓝”配色在学位服系列中太突出，没有和其他学位服共享的颜色（黑色），其他学位服也没有使用蓝色部分。这就导致硕士服在配色上和其他几种学位服稍显脱离，在不改变整体设计的前提下，如果将硕士服调整为“黑色 + 深蓝”配色，会更加协调。

而近几年出现的新款学位服的一大特点就是颜色增加，不仅添加自己的标志色，还有大学整体更换了不同学位的代表色。就学位袍主体而言，除了较多学校仍然选择黑色作为主色以外，红色、蓝色、绿色都曾被选为学位袍主色，金色也常常作为校长服的主色。而配色的选用就更加广泛，用学校标志色作为配色是多数学校的选择，金、紫、红等较为华丽高贵的颜色也常常作为饰边或配色使用。

纵观学位服配色和配饰的现状，本书提出以下建议：

学位袍是学位服的主体，是最为严肃和庄重的部分。因此，主色应选用严肃、庄重、偏冷的色调，建议继续保留黑色作为学位袍主色。如果确有必要选择其他颜色作为学位袍主色，应该降低颜色饱和度，使之温和、庄重，不带来刺激性的视觉感受。例如，校长服的红色应该选用比较深的红色，不要用饱和度过高的亮红色。

学位服配色一定要简洁，建议只有两种（即一种主色加一种配色），最多不超过三种。袍服上不要混搭各种主色，尤其不要为了增加校长服的隆重和权威感，而将金、紫、红等华丽配色往袍子上堆叠，一定要避免把礼服做出戏服的感觉。如果要加入学校标志色，要考虑标志色与主色的协调性。尤其是学校标志色比较鲜艳，与其他颜色不易搭配时，要特别注意服装整体的协调性。除了学位袍主体之外，其余的花纹、刺绣、标记（含校徽）一定要精简。过多的元素会分散视觉注意力，也降低严肃性，与学位服的象征意义不符。同时，在制作时，除了必要的颜色拼接，要尽量保持裁剪的简洁，不要为了华丽而过度追求复杂工艺，以免适得其反。

（二）学位服的领部配饰

1. 领部配饰的意义与作用

领部配饰是学位服的重要配件，其位于上半身肩胸部的醒目位置，花样多变，极具识别性，不论从正面看还是从背面看，都很容易成为视觉焦点。因此古今中外的学位服往往都将领部配饰作为一个重要部分，不惜使用贵重的丝绸、毛皮、金银饰物以及华丽的颜色加以装饰，使得领部成为学位服结构中最复杂、最富于变化的一个部分。

在中国，一般将学位服环绕颈部的部分称为“垂布”或“领布”。目前国内学位服的领布分成两种主要的款式——兜帽式和披肩式，个别学校出现绶带式。

兜帽式领布的原型是长袍配套的兜帽，特征是固定于前襟，背后呈立体兜帽状。兜帽原本是长袍用于遮风挡雨的实用部件，随着时间的流逝，演变成礼服部件的兜帽已经失去了帽子的实际功能，仅保留兜帽外观。有的款式抽象化或简化之后，兜帽外观也不明显。在1994版学位服的设计中，垂布为兜帽式，但并未制作出完整的兜帽样式，而是改为较简单的细长三角形。这种方式制作简便，便于折叠和收纳，成本也比较低。

兜帽式领布有两个较为明显的缺陷：第一，由于有学位帽的存在，兜帽其实是帽子的重复。虽然已演变成装饰和标志作用的领布，仍有重赘感。第二，学位袍通常是开襟款式，但领布通常是套头款式，必须分两次穿脱，而且两者间的固定不太方便。以1994版学位服为例，有的学生把领布固定在第一颗扣子，有的固定在第二颗扣子，肩部的张角也常常不一致，显得“卖家秀”和“买家秀”差别过大。

在大学自主设计的几款学位服中，有不少都选用了披肩式领布，例如中国人民大学、深圳大学等。披肩式领布特征是围绕肩部一圈，且前后等长。披肩的原型是古代的雨披，后来演变成礼仪服饰的固定组成部分。与长袍结合的披肩长度一般到胸部或腰部，单独穿用的大披肩甚至能长及地面。学位服配套披肩一般为短披肩，长度略超过胸线。后背可以体现各学校个性化设计，款式又可分为平底式和尖领式。由于披肩式领布同样具有很好的礼仪含义，而且整块披肩是一个整体，在仪式中显得整齐，效果较好。

绶带式领布的外观为一条细长的布带或绸带，一般为平尾或剑尾，通常绣有学校标志或特别的花纹。佩戴时只需搭在颈部，两端自然垂下。我国只有少数学校使用绶带，如中国人民大学、北京协和医学院等。且绶带一般不作为学位服本体的一部分，而是一个附加配件。换句话说，有绶带与否，并不影响学位服本身的完整。西方高校中，有时绶带作为一种“荣誉象征”，专门授予在毕业典礼中获得某种荣誉的学生，以增加其学位服的荣光。但这种情况在我国尚未发现。

2. 领布的颜色及象征意义问题

学位服领布的另一作用是象征学位获得者的所属学科，1994版学位服在领布颜色上存在比较明显的问题，主要体现在各个学科的颜色象征极度不平衡。

我国目前一共有 14 个学科门类，但 1994 版学位服区分学科的颜色只有 6 种：文科粉色、理学灰色、工学黄色、农学绿色、医学白色和军事学红色。其中，理学、工学、农学、医学和军事学都是单独的学科门类。然而，其余 8 个人文社科门类——哲学、文学、历史学、教育学、经济学、法学、管理学、艺术学——都被视为“文科”。以至于在实际使用中，如果见到一个人穿戴粉色领布，对于识别他的学科归属几乎没有任何意义。而且对于 8 个人文社科门类塑造自己的学科认同和自豪感是非常不利的。同时，由于军事院校学生一般会穿着军装参加毕业典礼，因此，军事学专用的红色实际上极少被使用。

笔者认为，如今对 1994 版学位服最有价值的改进之一，是为全部 14 个学科门类，设置专属的代表色（见表 6-1）。笔者的设想是：8 个人文社科门类，除文学继续用粉色外，其余每个学科增设新色。例如，选择红、蓝、棕、紫作为基本色系，每一色系区分深色和浅色，以配合 8 个文科门类。红色系赋予文学和历史学，其中文学依传统继续用粉色，历史学用深红色，以示文史一家。[1]蓝色系赋予哲学和教育学，哲学用深蓝色和教育学用浅蓝色也是多数美国大学的惯例。棕色系赋予经济和管理，经济学为深棕色，管理学为浅棕色。紫色系赋予法学和艺术，法学用紫色可以追溯到古罗马的元老院辩论传统，而艺术则使用浅紫色。

原有的理、工、农、医等4个学科，保留原来的领布颜色，只需要适当调整，降低饱和度。例如理学的灰色可选用银灰色，工学的黄色可选用深黄而非嫩黄，农学的绿色可选用庄重的森林绿或邮政绿而不是亮绿、嫩绿，医学的白色也可选用乳白而不是标白。军事学专业如确有必要使用学位服，可以配军绿色领布，与本学科特征相符。

表 6–1 中国 1994 版学位服领布颜色改进设计

学科	颜色	学科	颜色
文学	浅粉（pink）	理学	银灰色（silver grey）
历史学	深红（crimson）	工学	深黄色（yellow）
哲学	深蓝（navy）	农学	森林绿（forest green）
教育学	浅蓝（light blue）	医学	乳白色（white）
经济学	深棕（brown）	军事学	军绿（olive）
管理学	浅棕（light brown）		
法学	深紫（violet）		
艺术学	浅紫（light purple）		

注：交叉学科学位服领布颜色按照学生实际对应的13种传统学科的一种而定。

单独设计领布，还有一个优点在于：如果有的学校不愿意或不具备条件更换全校学位服，只需要增加购买一批领布，就可以实现覆盖全部学科，这是一种非常简便易行且低成本的方式。

① 在许多西方大学，文学和史学都属于 humanities，会共用同一种领布。但在中国，它们分属两个学科门类，因此，用同一色系以深浅区别。

（三）学位帽与流苏

1. 学位帽

头部服饰是礼仪服装中极为重要的组成部分，在中国文化中，“冠”从来都是身份的象征。在1994版学位服设计稿中，将“学位帽”和“流苏”作为两个部件，不过在实际穿用中，学位帽和流苏应该作为一个整体来考虑。目前我国高校使用的学位帽可以分为三类：方帽、圆帽和自主设计的其他形制学位帽。

方帽在我国学位帽中占主流，通常由软质的帽身和平顶正方形的帽顶构成，帽顶正中设一粒纽扣，用于悬挂流苏。形似书本的造型，简洁的外观，使方帽广受欢迎。不仅1994版学位服使用方帽，自主设计学位服的学校中，多数也选用方帽作为学位帽。

圆帽（或多边形变体）仅仅在少数学校的学位服中出现，而且仅出现在校长服，或校长与教师的服饰中，多数圆帽也配有流苏。使用圆帽的学位服常常有明显的模仿痕迹。目前，国内尚未见到学生的学位服配圆帽。

其他形制的学位帽则较为少见，但设计多样。有的基于方帽修改而成，如2020年中央美术学院毕业生的学位帽，结合了方帽与四方平定巾的样式，普通方帽佩戴时尖角朝前，而美院学位帽佩戴时平边朝前。再如中国美术学院设计了全国唯一一款三角形学位帽，帽顶为等边弧面三角形，佩戴时其中一个底边朝前，尖角朝后。这些设计个性化明显，但有时略显突兀，因而只在小范围出现。

2. 流苏及其他帽饰

礼服搭配流苏有悠久的历史。在《圣经·旧约》中，流苏就出现在以色列人的礼服上，“世世代代，在自己衣边上做穗头”[1]，穗头即流苏，是司祭的象征，同时承担装饰和礼仪的功能。

目前，国内的学位帽搭配的流苏颜色或者与学位帽同色，或者与学位袍同色。一般级别越高，越有可能使用金色等华丽的颜色。不过从整体上来看，流苏的形制都比较简陋，有的还特别细小，从设计者到生产厂家都没有把流苏当作一个关键的部件。然而，流苏应该在毕业礼仪中扮演更重要的作用。

在学位授予仪式中，流苏的拨动象征学位的授予和身份的转变，具有重要的礼仪意义。在象征身份转换的仪式中，有的表现为整体更换衣帽，例如中国传统的成人礼“冠礼”中，受礼者在礼仪中要先后更换三件不同的礼服和冠帽。有的是在已有的衣物上加穿一件，例如一些英国传统公学授予奖学金获得者身份的仪式，就是由校长在普通校服外为获奖者加穿一件披风。更多的仪式会表现在“首服”即帽子上，例如护理学院学生要正式成为护士，要经过资深护师为他们行“授帽礼”。因此，首服的变化，在仪式中具有强烈的象征意义。

在学位授予仪式上，目前授予学位的礼仪执行方式有两种，一种是拨穗（turning the tassel），一种是授兜帽礼（hooding）。拨穗礼即是由校长或导师将受礼者的流苏从帽子的一边拨到另一边，象征仪式的完成。授兜帽礼则是受礼者穿着没有兜帽的学位服入场，由导师或校长现场为他戴上兜帽，象征礼成。目前就笔者收集到的材料而言，拨穗礼的使用要多于授兜帽礼。

当前国内许多高校的学位服是学校公有的，学生只是短暂借

---

① 参见《旧约·户籍纪》15: 38。

用或租用。只有极少数高校会赠予学位服，或由学生自行购买学位服。在多数情况下，学位服对学生而言是一次性的礼仪服装。但是作为学位服重要配件的流苏，则完全可以成为让学生带回家的纪念品——这也是部分美国高校的习俗。在欧美国家，制作精美的学位服十分昂贵，动辄几百欧元或美元。除了继续在大学谋求教职者外，少有学生愿意高价购买带回。不过，许多学生都会将流苏买下作为纪念。一方面价格上没有负担，另一方面流苏是拨穗礼的重要用具，非常有纪念意义，收藏或悬挂也十分美观。学位服作为一个整体，长袍、领布和学位帽都不宜单独出现，但流苏作为纪念品单独出现毫不违和。对于每年数以百万计的国内毕业生而言，一条制作精美的流苏是非常适切的纪念品。即使由学校赠送，也不需太多花费。这就要求流苏的设计者和制作者更加用心，选用精良的材料，并可以增加年份小挂牌等附件以增加其纪念意义，让流苏在大学文化中同时扮演礼仪和纪念的角色。

四、中式学位服的出现与反思

自从我国恢复学位制度并开始使用学位服以来，就一直存在学位服是否需要使用中式设计的讨论。设计 1994 版学位服时，设计者采用的思路是在借鉴西方学位服的同时，尽可能融入中国文化的元素，以体现大学传承与文化合流。设计者对西方学位服的态度是复杂的，融合着“学位服终究是洋货”和“中国历来对外来文化具备融与化的能力”[①]的心态。主观上想要设计一套新中

① 马久成，李军．中外学位服研究 [M]．北京：中国人民大学出版社，2003: 40−43.

国“自己的现代学位服”[①]，但从整体设计上，还是依从了西式长袍、兜帽、方帽的结构。设计者仅仅在结构上增加了中式盘扣，在花纹上增加了牡丹和长城的纹饰。然而从整体设计上，很难说这套学位服是“中国的”，多数穿着者和旁观者仍然会把它视为一套西式服装。在西方影视文化影响力颇大的今天，还有很多人将之戏称为“法师袍”“哈利波特服”等，可见其体现的西方特征远远多于中国特征。

最近十几年来，中国传统文化的影响力不断增强，“中式学位服”也从一开始的呼吁和想法，变成了多种具体的设计稿甚至实物。其中，最有名的一例来自 2006 年汉服论坛网友的设计（以下简称“2006 中式学位服”）。这套学位服设计包括了学士、硕士、博士三种款式，整体设计参照了汉服深衣的样式，交领右衽，上下分裁而后缝合，全身缀有衣缘。其中学士服为黑灰配色、硕士服为蓝黑配色、博士服为黑红黄配色。每套学位服均配爵弁式学位冠，用不同颜色的流苏区别学科。[②]经过媒体报道，这套学位服设计稿在网络上广为流传并引发巨大反响。一时间，针对学位服中西之争的讨论掀起风潮，在与大致于 2003 年兴起的汉服运动的相互呼应下，成为一时的文化热点。

2006 中式学位服虽然被视为中式学位服有代表性的尝试，但这一设计仍是多种来源的混合体。从汉服的形制来看，主要选取了深衣样式，但在学士服和硕士服正面增加了一块撞色长条布。设计者自称是模仿汉服蔽膝的设计，只是改用颜色表达而非

① 马久成，李军 . 中外学位服研究 [M]. 北京：中国人民大学出版社，2003: 40−43.

② 贺莉丹 . 中式学位服之争 [J]. 新民周刊，2006(19).

用单独一个部件表达。博士服的设计更加奇怪，学位袍上身是黑色，而下身红黄相间，视觉上十分不协调。设计者称依据于《仪礼·士冠礼》中对士人服装的规定“玄端、玄裳、黄裳、杂裳可也”，郑玄为之作注：“上士玄裳，中士黄裳，下士杂裳”[①]。2006中式学位服就选用了“杂裳”（撞色下衣）的表现。但这样的设计不但是对《仪礼》的描述生搬硬套，而且把属于玄端的部件按深衣的样式与上衣缝合，在视觉上并不能带来美感。

这些特征反映了汉服运动初期，文化研究和服装设计方面都不成熟。2006中式学位服虽然引起了很多争议和讨论，但现实中并未推广使用。不过，这个事件作为一个文化标记和讨论的起点，带来的思想刺激作用却有很多积极的意义。

2006中式学位服也暴露出“以汉服作为学位服”的一些内在的隐忧。深衣和玄端都是汉服中的常见样式，会出现在多种礼仪、祭祀的隆重场合。按照《仪礼》和《礼记》的记述，玄端是士的正式礼服，而深衣是士的常服，都是生活中日常会出现的服饰。然而一套正式的学术服装，应该具有唯一性，应该出现且仅仅应该出现在学位授予仪式及其他相应隆重场合，不应该出现在其他场合。如果选用基于深衣、玄端或其他样式的汉服作为学位服，由于这些设计都依托于某种传统汉服形制，而这些服装会出现在其他的典礼、祭祀、文化活动乃至一般的汉服活动中，这就难免给旁观者造成在大学毕业典礼之外，这类服装（或其类似款）也随处可见的印象，对学位服的神圣性是极大的干扰。而如果彻底改变设计，不依托某种既有形制，则又失去了依据汉服的

① 儒藏（精华编）第四十七卷[M]. 北京：北京大学出版社，2016: 22.

设计初衷。从这一点上来看，1994 版学位服体系反而能保证唯一性，即在大学之外，在学位授予仪式之外，几乎不会见到学位服的穿用。即使有个别学生在大学之外拍照留念，也能让旁人清晰地辨识出这是一位大学毕业生。

2006 中式学位服诞生之后，也出现过其他几款另行设计的中式学位服，但影响力均不大。这一类“中式学位服”已经不能和“自主设计”的学位服列为一类。因为“自主设计”类一般是在学袍的传统中寻求设计，其整体款式、各部分构成、各类结构和符号的象征意义，在已有的学袍历史中能够或隐或显地体现。与 1994 版和多数学校选择的在传统学袍上增加中国元素不同，“中式学位服”全然脱离既有的学袍体系，另起炉灶，在设计时，出发点往往是“中式”而非“大学”。因此，从服装类型本身看，已经属于不同的大类。

如何在学位服设计中解决“中西之争”，成为一个具有现实意义的问题，从 1994 版学位服的西式学袍加入中国元素，到 2006 中式学位服以汉服为主体，再到后来各种设计方案，几乎每一次设计稿征集，或有服装专业硕士生将学位服设计作为论文题目，都必须要处理中式和西式的关系问题。目前，学位服中“融入中式设计”主要有三种方式。

第一种是在整体设计和裁剪上使用中式，添加一些西式学术服装的元素，如配色方案、流苏等。设计稿的典型案例就是 2006 中式学位服。高校实际使用的案例有 2020 年中央美术学院学位服，采用中式平裁，这是为数不多的付诸实施的案例。

第二种是整体采用西式袍服设计，但重要的结构上采用中式配件，例如立领（mandarin collar）。中国美术学院和我国台湾辅仁大学的学位服都使用了立领，增添明显中国风格，而且与长袍整体风格不相违背。从穿着效果上来看能够有效遮盖内部服装，增加整齐度和严肃感。立领是中式学袍设计中比较成功的一个部分。

第三种是完全采用西式袍服设计，仅仅增加一些中式的图案和纹饰，1994 版学位服的牡丹图案和长城纹饰即属于此类。

从目前已有的设计和实践来看，完全依托某种中式服装，设计失败的风险较大；而仅仅添加中式图案纹饰，不足以体现中国自身的文化特色，尤其是学袍作为有长久西式传统的服装，并非简单把一些中国元素拼凑上去，加上祥云、牡丹、如意、万字等图案就能显出中国风格。既要在服装结构上有所改动，又不能违背学袍的整体风格，对设计者其实提出了很高的要求，也是大学文化建设面临的必然挑战。

五、从服装建设到大学文化建设

学位服作为大学的学术礼服，不仅是学位的象征，也是大学文化建设的重要组成部分。作为职业礼服，学位服既影响大学的外在形象，也塑造着群体内部的自我认同。因此，学位服的意义远远超出服装本身，需要从身份认同、仪式设计、学术精神等方面深入探讨。

第一，需要深入研究学位服在大学中的角色与定位，而非仅仅将其当作毕业典礼的程序性组成部分。应该意识到，仪式、服装都具有育人功能，应该参与塑造师生对大学的精神认同。这就需要使学位服成为一种文化载体，将大学的成就、精神与灵魂凝结其上，才能使学位服成为大学最隆重、最神圣的代表，使其对学生而言，也能成为大学生活的高峰和圆满的终点。出于这样的目的，大学需要构建一种“学术神圣”的文化，将学位服作为学术文化的服饰表征。虽然学位服在大学生活的终点才出现，但它对学生的影响和引领作用却是一以贯之的。

第二，礼仪服饰无法单独构成文化，一定要搭配相应的礼仪建设。对大学而言，最重要的仪式是学位授予仪式，当然也不应仅限于此。在许多西方大学的开学典礼上，校长和资深教授也会身着学位服出席；在校庆等重要仪式上，也能见到教授们穿着学位服的身影。要发挥学位服的作用，还需要把它确立为一种与大学的重要仪式密切挂钩的服装，而非仅在毕业典礼上一次性使用。至于在何种礼仪、何种场合、多大范围内使用学位服，则是理论研究和教育实践可以共同探索的问题。

第三，学位服应有助于塑造大学师生对大学的认同。所有的职业礼服，不论法官、律师、医生还是神职人员，都有塑造职业认同的深层作用。学位服理应在大学中扮演类似的角色。要做到这一点，就要让师生对学位服有真正的认识和了解，对学位服的来历、意义、种类和规范等了然于心，并将中国文化更加内在地融入学位服的设计，形成真正的服饰文化，成为一种内部知识和默会知识，将认识和情感寓于内心。

第四，在学位服的“国家统一性”和“学校多样性”之间，应保持某种平衡。例如国家在设计统一的学位服式样时，预留一些可以添加学校标识、标志色或特色纹样的空间，便于各大学在不大幅增加设计成本的前提下体现学校特色。而有意自主设计学位服的大学，则应考虑颜色和式样上的传统，避免过于标新立异而有失庄重。

总而言之，学位服应服务于大学的精神性和崇高感。崇高感是人对伟大事物产生的自然仰望，是对高于自己的学术世界和精神世界产生的自然情感。在大学中，礼服应该作为崇高感的寄托和表达。除了正常的学术礼仪之外，还可以通过为资深教授授予特别装饰的礼服、为获得荣誉的教授颁奖时穿着礼服等方式增加学位服的意义。这样的礼仪虽然主要运用于教师，但同时也会引领学生对教师的仰望，最终形成更有学术凝聚力的精神共同体。

第七章　中国大学学位服的发展趋势

学位服的研究是一部缩略的大学历史，这历史并非仅由事件和制度充满，而是更加体现为生活在大学中的人，包括他们的身体、活动、情感和经验。学位服的演变和发展，也体现着大学文化的传承与新生，保守与创造，外来与自主，国家权威与学校个性……这些都是贯穿大学文化研究的丰富主题。在回溯了西方主流国家及中国的学位服起源及发展过程之后，我们终究需要回答：中国大学的学位服，及其背后的大学文化建设，要走向何方？

要回答这个问题，我们不妨来梳理一下前文的研究。

英国大学学位服以牛津大学和剑桥大学为核心，坎特伯雷大主教下令为所有世俗神职人员订购封闭式斗篷，可视为英国学位服之历史起源。然而，长袍、连颈帽、帽子的形制差异，以及颜色分配和材质，不仅关乎学位服之功能，也与其文化意蕴关系密切。随着时代的发展，牛津大学、剑桥大学新增学位对应着是否有独立连颈帽、袍服及建立院系颜色制度，学位服在美国、加拿大、新西兰等国家传播开来并有不同程度的本土化发展。英国学位服发展对我国的启示有三：一是遵循“一个学位，一套袍服”“一个学科，一个颜色”的国际原则；二是坚持中国特色

“从部分转向整体”“去宗教化”；三是加强国家层面规章制度的可操作性、学校层面管理的精细化。

日本大学学位服的使用和分类主要呈现出高校自主性强、学生使用率低、国际化高校使用率高三个特点。目前不少日本大学已设计自己的学位服，但在样式和使用上保持着极大的自主性，各个学校、学院和学科都可设计独特样式的学位服。与我国不同，学位服在日本大学生中的使用率较低。当前，对学位服的使用做出明确要求的日本大学多为国际化程度高的大学。由于购买、租赁学位服价格偏高，且和服在日本民众中普及率高，日本高校的毕业典礼上，多数学生更倾向于穿西装或和服中的袴装与振袖，以代替学位服套装。

中国研究方面，中国古代士子服饰的传统，为中国大学学位服的本土化提供设计参考。如前所述，1994 版学位服主要存在三方面不足：一是西方色彩浓厚，学位服的文化意蕴不清晰；二是中国特色单薄，对中华民族的服饰传统挖掘不够；三是教化功能欠缺，忽视了学位服的教育作用。通过对中国古代士子服饰的研究发现：古代士子服饰在形制上以深衣制为主，并且在历史上多数时期，采用宽袖设计；从周代直至唐宋，士子服饰的颜色为白色，明代士子服饰曾采用玉色、蓝色和青色，进士服为深蓝色，状元朝服则为暗红色，此外，青色作为士子服饰的重要修饰颜色已有两千年以上的历史；古代士子服饰有着很强的教化功能，无论是古制深衣还是其经典变体之一的明代襕衫，都寄托着设计者对穿衣之人的品行期望。基于以上研究发现，针对中国大学学位服的本土化提出了四点建议：一是深入研究中国古代服饰文化，传承和发扬其中的精华部分；二是为各高校添加自身的历史文化元素留出空间，以突出学位服的专属性和独特性；三是为特别优秀的毕业学子预备专门的学位服，以发挥榜样示范作用；四是注重学位服的教化功能，发挥好仪式和服饰的双重教育作用。

清末民初，现代意义上的大学由西方传教士引入我国，方帽长袍式学位服也随之而来，为教会大学所普遍采用。尽管大部分公立高校的毕业服装为民国服制规定的大礼服，即长袍马褂或西装，但仍有众多非教会私立大学（如复旦大学、厦门大学）和个别公立大学（如东北大学、暨南大学）以学位服作为毕业礼服，还有一些大学借用学位服作为毕业生拍摄纪念独照的道具（如清华大学）。学位服在民国时期逐渐成为大学毕业、学衔授予乃至高等教育本身的象征。这一方面源于学位服作为学术礼服的独特性，满足了大学教育中的仪式性需求，另一方面也与民国时期传统文化式微和学习西方文教礼仪的时代潮流有关。值得注意的是，在西式学位服进入中国大学之初，便有高校（如辅仁大学）和个人对学位服做出了中国化改造的尝试，尽管“曲高和寡”，但反映了国人可贵的文化自觉意识和发展本土学位服的原初力量。

当前中国大学学位服主要有教育部制定的1994版学位服、各高校修改版学位服和自主设计学位服三个发展方向，亦存在少量高校不使用学位服或使用特殊学位服。学位服既体现统一设计背后的国家权威，又需要凸显学校的文化特色；既需要遵从礼服设计的庄重严肃，又需要容纳呈现差异的配色及配饰；既需要体现以长袍为特色的大学传统，又要在不同程度上融入中式图案和风格。学位服问题需要从身份认同、仪式设计、学术精神等方面进行探讨，使之成为塑造大学精神共同体的符号象征之一。

综上，笔者认为，中国高校学位服的未来发展及本土化改革，有以下三条可行的路径。路线一：在现有国家主导的1994版学位服基础上，优化设计并增加中国元素；路线二：将学位服设计及使用权力开放给各高校；路线三：重新以中国本土传统服饰为原型，设计新学位服。

一、路线一：在现有国家主导的1994版学位服基础上，优化设计并增加中国元素

1994版学位服在我国已有近30年的历史，可以说，70后、80后、90后甚至00后的大学毕业生都亲身穿过或至少见过这套学位服，它已经成为中国当代高等教育的一部分，也是大学文化集体记忆的一部分。从传统延续及物料成本考虑，继续使用1994版学位服很可能是教育管理部门和部分高校的选择。但是，1994版学位服还存在不少需要优化或改进之处。

（一）袍服长度

学位袍的长度应该加长。礼仪服装关系到仪式的严肃性，尽可能遮蔽身体是长袍的特征。现有版本长度刚刚过膝，仪式中长袍下露出各色裤腿和丝袜，既有失整齐，也削弱仪式的严肃性。因此，应该从设计时就加大长度，比现行款长10—15厘米，使标准长度达到小腿中部。袍服有一定宽容性，能适合更多学生，也更能实现仪式的整齐肃穆。校长、院长、导师的学位服长度应接近脚踝，完全覆盖住内部的私服，以实现更加庄重的仪式效果。

（二）领布颜色

1994版学位服遵循世界通行的规则，使用仿兜帽型垂布，并

用镶边颜色表示学科。现在较为必要的改动是为全部 14 个学科门类设置专属的代表色，以确保每个学科在大学中的基本地位（参考牛津大学和剑桥大学学位服改革中逐渐形成的原则）。可以在 1994 版学位服基础上进行调整和扩充，例如娄雨博士提出的领布颜色方案可以作为备选。[①]

红色系赋予文学和历史学，其中文学——粉色（沿用现有文科色），历史学——深红色；

蓝色系赋予哲学和教育学，其中哲学——深蓝，教育学——浅蓝；

棕色系赋予经济和管理学，其中经济学——深棕色，管理学——浅棕色；

紫色系赋予法学和艺术，其中法学——深紫色，艺术——浅紫色；

除此之外，有四个学科继续沿用原来的颜色：理学——灰色，工学——黄色，农学——绿色，医学——白色。军事学调整为军绿色，与学科特征搭配。如果有些院校希望继续使用原先的袍服，单独增加购买一批领布即可在美观度和学科辨识度上大为提升。

（三）中国风格与学校特色

现有 1994 版学位服虽然号称“新中国学位服”，但实际设计中只有领布配饰上的牡丹花图案、袖口的长城纹案刺绣、门襟的中式盘扣三处带有中国特色。其中，长城纹案在实际生产中还常

① 如第六章所述，交叉学科学位服领布颜色按照学生实际对应的 13 种传统学科的一种而定。

常被其他纹饰代替。而在学校特色方面，除了胸口刺绣校徽，能体现大学特征之处也并不多。

在今后的学位服使用中，在不涉及整体的装饰部分，可以开放给各学校发挥自主设计的主观能动性，如清华大学将“清华紫”，北京航空航天大学将“北航蓝”融入门襟和袖口饰边，增加各校的荣誉标记，都是体现学校特色、塑造学校认同的可行方式。但也需要避免过于夸张，与服装风格和仪式的严肃性不符合的设计。

二、路线二：将学位服设计及使用权力开放给各高校

如果说路线一体现的是学位的国家权威，路线二体现的则是学校个性。在对美国、日本等国学位服的研究过程中，笔者发现，许多卓越的大学，其学位服带有极强的学校个性化特征，如哥伦比亚大学极具代表性的浅蓝色袍服和方帽，日本千叶大学的丝质长袍，早稻田大学的折叠式平底领布……随着大学发展，学校逐渐享有国际声誉时，这些特征在国际高等教育交流中成为具有识别性的学校名片。

出于此种考虑，应该允许国内部分高校自行设计全套学位服，并发展与此配套的大学礼仪文化。目前已有的实践中，中国人民大学和中山大学的学位服设计最具有体系性，且在国内高校中已经形成了一定的影响。

在进行全新的设计时，应该尽量采用有根据的设计，避免无来源的创新。袍服的主色应选用严肃、庄重、偏冷的色调，可考虑继续保留黑色作为学位袍主色。如确有必要选择其他颜色作为学袍主色，应降低颜色饱和度，使之温和、庄重。学位服配色务

必简洁，建议只有两种（一种主色和一种配色），最多不超过三种。如果要加入学校标志色，还需要考虑标志色与主色的协调性。

在学位帽的设计上，既可以使用常见的方帽，也可自行选用其他款式学位帽。学位帽上的流苏可以作为让学生带回家的纪念品，这也是欧美许多高校的习俗之一。流苏的设计和制作可以更加细致，选用精良的材料，并通过增加年份挂牌、校徽挂牌等附件以增加其纪念意义，让流苏在大学文化中扮演礼仪和纪念这两种角色。

尤其要注意的是，作为礼仪组成部分，学位服应具有稳定性，避免频繁更换。个别以美术、设计为特色的高校，如果以每年设计新学位服作为学校文化的特色之一，可以在学位服上设置一个保留部分或颜色，在更换新款的同时，也体现传统。

三、路线三：重新以中国本土传统服饰为原型，设计新学位服

本书以“民族文化自尊”为出发点，最关注的问题自然是在大学这一最为重要的国家教育机构中，本国的文化传统和服饰传统应置身何处，实现何种教化价值。

中华民族有着几千年的灿烂服饰文化。正如前文所提及的一些证据：《周易·系辞下传》中有“黄帝、尧、舜垂衣裳而天下治”的记载，孔颖达疏《左传·定公十年》中也有“中国有礼仪之大，故称‘夏’，有服章之美，谓之‘华’”的说法。我们应该铭记利玛窦在明朝的“易服”事件，也应铭记在清末和民国时期，欧美文化横冲直撞的年代，最可能完全采用西式学位服的教会大学辅仁大学却进行了本土化的探索和实践，学生穿的学位服以中国传统服装为基础，结合西式学位服的绶带和学位帽等元

素。如前文所述，学位服应达到三重效果：一是“归画一而昭整肃”；二是“自可束身规矩，令人敬重”；三是“处处与外国服饰有别，乃是国民教育要义”。在中国高校逐渐登上国际高等教育舞台，赢得不断增长的国际影响力的今天，一套真正具有中国特色和体现中华服饰传统的学位服，能够为中国大学的文化形象增色不少。

首先，学位服设计应更加体现中华民族服饰文化的传统——“国服为本”，同时兼顾世界惯例（如“一个学位，一套袍服”“一个学科，一个颜色”）。优先考虑以中国传统服装中与文教有关的服饰——如深衣或襕衫——为蓝本，在此基础上加以修改作为学位袍。也可考虑借鉴香港中文大学、中国美术学院、台湾辅仁大学等设计为中式立领，既体现国风特色，又遮蔽内部衣服，增加整齐感和严肃感。

根据中国的服饰传统，正式场合的服装以遮蔽身体显示严肃庄重，尤其值得借鉴深衣“被体深邃”（见《礼记·正义》）的理念，尽量将袍服的覆盖面加大。

考虑到部分观点认为中国传统礼服中，紫色比红色品级要高，袍服的颜色分配备选方案一：紫色为博士、红色为硕士、黑色为学士。[①②] 其优点在于，将西方博士袍服设为红色的宗教遗痕[③]

---

① 观点来源于杜祖贻先生1999年的建议书《中国的大学礼服的设计须以国服为本》。

② 关于中国传统服饰的颜色分别代表的含义可以参考阅读陈鲁南2020年的《中国历史的色象》。

③ 马久成和李军在《中外学位服研究》第25-26页中提及，“圣血→红酒→博士服的猩红色”……神学博士服的猩红色是圣子鲜血的象征，牛津大学的王后学院则用紫色纪念耶稣基督的鲜血。

去除，缺点在于，紫色和红色在中国传统礼服中的地位的高低似乎也存在一定的争议。[①] 如果要防止红色与西方宗教继续产生纠缠，也可以考虑将硕士的红色改为蓝色。

由于中国传统服装一般没有兜帽或披肩等可类比领布的组成部分，其功能可以用两种方式替代：其一是设计为交领服装时，直接将衣缘设计为学科代表色；其二是中国传统礼帽有两条帽带，可用帽带颜色代表学科，这是杜祖贻先生 1999 年的观点[②]，具体方案有待研究和探索。

总之，在设计基于中国传统服饰的学位服时，以不追求完全复古，也不标新立异，确保学位服的独特性和辨识度，凸显学位服的教化功能为准则。如果国家有关部门决心推出完全本土化的学位服，我们则倾向于第三条路线。

四、余论

在考虑中国学位服未来发展的三种趋势之余，我们也在材质及制作工艺等方面作了一些思考。

（一）材质及制作工艺等方面的整体建议

材质由各校在保证质量的基础上根据实际情况确定。其中，博士学位获得者的袍服或领布相应位置适当使用上乘材质（但成本不能太高），表示最高学位的神圣性。

一是整体不必追求高级或天然面料，现有工程面料已足够成

① 陈鲁南. 中国历史的色象 [M]. 北京：现代出版社，2020: 19–29.

② 参见杜祖贻先生 1999 年 11 月 2 日撰写的建议书《中国的大学礼服的设计须以国服为本》。

熟且更适合满足大批量生产，根据设计需求选择即可。二是面料宜有一定密度和垂坠感，避免过于光滑和反光。因我国多数毕业典礼在夏季，材质还需考虑轻薄透气。三是学位服上有特色的装饰性部分（如博士服、校长服和导师服的代表性部件）可选用较高级的材料制作，以显示重视及神圣性。四是考虑到部分学生有购买学位服长期收藏的需求，整体价格不宜过高。

除了学生的学位服之外，校长和教师的学位服可以考虑按照国际惯例，采用他们毕业大学的博士服，或者专门定制华丽的服装，通过材质、款式和配色突出他们的身份，提升毕业典礼的仪式感和权威感。

关于少数民族学生，可以效仿新西兰毛利人后裔毕业生的做法，在学位袍服外面穿戴民族特色的配饰，如藏族学生可以戴哈达。

（二）学位服对应的文化建设

学位服对应的隐性文化建设应当与学位服显性的服饰改革如影随形。目前来看，可以在如下方面做出努力。

一是确定各种礼服在大学生活中的意义。各高校可加强与礼服搭配的礼仪建设，出台具体的实施指南，将礼服的意义与相应的礼仪建设书面化，通过规范化使其逐步内化为传统。

二是明确学位服的功能定位，如塑造师生对大学的认同，服务于大学的精神性和崇高感，以及学位服的使用场合的拓展（不局限于毕业典礼[①]）等。另外，将对学子的期望和要求寓于学位服

---

① 民国高校对学位服的使用不仅限于毕业典礼，在建校仪式等重大场合也会使用，如 1921 年协和医学院落成仪式（第五章图 5−17）、1922 年复旦大学江湾新校落成仪式（第五章图 5−37）。

之中，以发挥学位服的教化功能。

三是加强学位服的规章制度管理。从国家层面，出台《中国学术服装守则》，将推荐使用学位服的设计要求和管理纳入其中，给高校留有一定的自主权。大学层面，借鉴英国大学的登记册制度，将学位服的构成、颜色、材质以及背后的文化意蕴形成文字记录，减少目前学位服设计管理的混乱程度，保证一定的稳定性，才能有传承性、严肃性和神圣性。登记册的纸质和电子档案在相关教育管理部门做好备案工作（公开、公众可查询），但管理部门不宜直接干预大学关于学位服的自主设计。

四是成立学位服发展与改革专家委员会，由历史、教育、艺术、宗教等方面的专家，以及资深的学位服研究专家、服饰研究专家、学位服制袍师组成，讨论决定学位服的设计方案、教化功能、礼仪建设以及相关问题。

附录 1　中英文对照表

A History of Costume in the West《西洋服装史》
Academic Costume Code《美国学术服装守则》
academic dress 学位服
Armagost 艾玛古斯特
biretta 四角帽
Bishop Andrew's cap 安德鲁主教帽
brown 深棕
Burgon 伯根
Canterbury cap 坎特伯雷帽
cape 披肩或披风
cappa clasua 披风
cappa 斗篷
cassock 凯瑟克袍
chaperon 查普罗
chasuble 十字褡，无袖长袍
chimere 无袖罩袍
Clark 克拉克
close cloak 封闭式斗篷
commoner 自费生
convocation 重大会议
cowl 兜帽
Cox 考克斯
crimson 深红
cucullus 库库勒斯帽
Evans 埃文斯
exhibitioner 奖学金获得者
facings 饰面
faculty colors 院系颜色
faculty 职业团体
forest green 森林绿
full academic dress 完整的学术服装
full shape 完整形状
Gardner Cotrell Leonard 加德纳·库特尔·伦那德
grey 灰色
girdles 束腰带
gown 长袍
Groves 格罗夫斯
Hargreaves-Mawdsley 哈格里夫斯–马德斯利
hood lining 连颈帽衬里

hood 垂布，连颈帽
hooding 授兜帽礼
John Knox cap 约翰·诺克斯帽
John Ross 约翰·罗斯
Kerr 科尔
Korowai 克如崴
light blue 浅蓝
light brown 浅棕
light purple 浅紫
liripipe 长尾，利瑞比比安帽
mortarboard 方帽，学位帽
murrey 紫红色
navy 深蓝
North 诺斯
olive 军绿
pink 浅粉
processional cope 游行的长袍
proctor 学监
robemakers 制袍师
round cap 圆形帽状
ruff 飞边
Saint John's University 圣约翰大学
scholar 公费生
scholars 学者
simple shape 简单形状
square cap 方形帽状
Stanford 斯丹福德
stole 圣带，领带
subfusc clothing 暗色衣着
sumptuary law 禁奢法
tassel 流苏
the cape of the hood 连颈帽的披肩
tippet 披肩
toga 托加袍
trencher cap 方帽
Tudor bonnet 都铎式帽
tunic 短袍
turning the tassel 拨穗
undergarment 衬衣
undress gowns 便服长袍
university costume 大学礼服
violet 深紫，紫罗兰色
Wacky Walk 古怪步行
white 白色
yellow 黄色

附录 2　珍贵资料一览

1. 历任香港中文大学教育学院院长、医学院医学教育讲座教授，美国密歇根大学教育学教授、系主任及研究科学家的杜祖贻先生 1999 年 11 月 2 日撰写的建议书《中国的大学礼服的设计须以国服为本》，档案资料由杜祖贻先生本人提供。

建議書

中國的大學禮服的設計須以國服爲本

一、世界上最早的考試及學位制度建立於中國，時爲隋唐之際，距今已一千三百餘年。

二、中國的學術儀節和服飾源遠流長，其形式和設計可以稽考。存世的實物都是典雅美觀的。例如唐代官服的金印紫綬及銀印青綬，宋代文人所穿的學士袍（如蘇軾、姜夔所用），以及清代的朝服及附於其上以顯示文武職級的補服等。（請參考沈從文著《中國服飾五千年》、黃輔毅等著《中華服飾藝術》等書）

三、國內大學新興的學位袍服，基本上是模倣英美學府的式樣，亦即中古歐洲羅馬天主教會教士所穿的袍服。這種服飾，實際上與中國的文化及教育毫無關連（請參考大英百科全書有關西方學位袍服的圖文）。

四、現時國內大學流行的袍服設計，係在不明不白，不知來歷的情況下抄襲的西方宗教界及學界袍服的倣製品，因此不合其原本規格；以致長短不一，奇形怪狀：不但有東施效顰之嫌，而且給人一種無端依附西方宗教傳統的印象。

五、謹建議人大當局設立研究小組，邀約歷史、教育、藝術及服裝界的資深人士，共同就中國境內大學禮服的文教作用及其有關問題，作全面的考察與檢討，從而確立現代中國學位袍服設計的準則，藉以保持我國文化的尊嚴與彰顯本國的教育的特色。左列各點可作爲設計上的參考：

帽　可用帽帶的顏色代表不同的學科。中國傳統的禮帽有二條帽帶，近年以顏色代表學科已漸成國際標準，而並無宗教含義，我國的大學可以考慮採用：如純白爲文科，純黃爲理科，深藍爲哲學，淺藍爲教育，深黃爲自然科學，橙黃爲工程，赭石爲建築，深綠爲醫學，淺綠爲藥劑，深紫爲法律等。

袍　可用袍身的設計及顏色代表學位的等級，如紫色爲博士，紅色爲碩士，黑色爲學士等。按：中國傳統禮服紫色較紅色品級爲高。

綬　可用綬帶的設計及其顏色組合代表不同的大學。

一九九九年十一月二日初稿
二〇〇一年七月九日二稿

2. 香港中文大学麦继强教授 2004 年 12 月 9 日的手书《学位袍服国有化刍议》，档案资料由杜祖贻先生提供。

12.9.2004.

學位袍服国有化芻議　麦继强教授
香港中文大学生物学系

1. 问题
①引起民族自信
②不應成為西方文化之奴隶
③会失去中国本来已有的文化體制及傳統

2. 危机
①不用中国原有的學術级别之識别形式是放棄中国原有文化代表而接受西方服式是不重視中国原有文化的做法.
②放棄中国本身原有的文化制度，而接受異族的文化形式会引起中国人失去对中華文化的自信心
③中国文化十分重視衣飾去表現階级，因此已有完整的体制之資料，惟欠有為無人敢去提倡，但當中国强大，便要有自己的特色，遠不如現在早作了国的準備，否则來不及

3. 更新
①由于中国自唐、宋、明都有很好的衣冠制度，所以最易的方法，便是照用中国歷代的與章制度，至于用那時代者，可以自選

4. 建議
①同上①

5. 結論
①中国快成世界强国，因此成为强国，必有令人仿效的文化制度，正如日韓国仿效唐代文明，因此今天的中国亦要有特色的學術等级的衣冠式樣，才可成大国.

主要参考文献

(一)中文文献

［1］ 北京大学第一次毕业摄影 [J]. 中华教育界, 1913(11).

［2］ 曹汉斌 . 牛津大学自治史研究 [M]. 北京：新华出版社, 2006.

［3］〔美〕查尔斯·霍墨·哈斯金斯 . 大学的兴起 [M]. 王建妮, 译 . 上海：上海世纪出版集团, 2007.

［4］ 陈鲁南 . 中国历史的色象 [M]. 北京：现代出版社, 2020.

［5］ 陈向明 . 质的研究方法与社会科学研究 [M]. 北京：教育科学出版社, 2000.

［6］ 程涵 . 中国现代学位服饰设计研究 [D]. 石家庄：河北师范大学, 2018.

［7］ 程俊英, 译注 . 诗经译注 [M]. 上海：上海古籍出版社, 1985.

［8］ 戴紫薇 . 礼文化视阈下学位服研究与创新设计 [D]. 武汉：武汉纺织大学, 2022.

［9］ 法令：教育部公布学校制服规程令 [J]. 教育杂志, 1912, 4(7).

［10］辅仁大学织品服装学系《图解服饰辞典》编委会编绘 . 图解服饰辞典 [M]. 台北：辅仁大学织品服装学系, 1986.

［11］龚洁 . 关于中国学位服的研究与设计 [D]. 天津：天津工业大学, 2006.

［12］郭嵩焘 . 校订朱子家礼 [M]. 长沙 : 岳麓书院, 2012.

［13］国务院学位委员会办公室, 教育部研究生工作办公室 . 学位与研究

生教育文件选编 [M]. 北京：高等教育出版社，1999.

[14]〔英〕G. R. 埃文斯 . 剑桥大学新史 [M]. 丁振琴，米春霞，译 . 北京：商务印书馆，2017.

[15]〔英〕海斯汀 · 拉斯达尔 . 中世纪的欧洲大学 —— 大学的起源 [M]. 崔延强，邓磊，译 . 重庆：重庆大学出版社，2011.

[16] 韩若梦 . 我国现代学位服创新设计研究 [D]. 石家庄：河北科技大学，2019.

[17] 韩颖 . "新月" 前后的张嘉铸 [J]. 中国现代文学研究丛刊，2011(8).

[18] 贺莉丹 . 中式学位服之争 [J]. 新民周刊，2006(19).

[19] 华梅 . 中西服装史 [M]. 第 2 版 . 北京：中国纺织出版社，2019.

[20] 黄福涛 . 外国高等教育史 [M]. 北京：北京大学出版社，2021.

[21] 黄强 . 南京历代服饰 [M]. 南京：南京出版社，2016.

[22] 季文婷 . 中国学位服系统设计研究 [D]. 上海：东华大学，2013.

[23] 江勇振 . 舍我其谁：胡适（第二部）[M]. 杭州：浙江人民出版社，2013.

[24] 今年的学士群 [J]. 艺文画报，1947, 2(1).

[25]（清）康有为 . 康有为牛津、剑桥大学游记手稿 [M]. 程道德，点校 . 北京：北京图书馆出版社，2004.

[26]〔意〕利玛窦，〔比〕金尼阁 . 利玛窦中国札记 [M]. 何高济，等译 . 北京：中华书局，1983.

[27] 梁惠娥，周小溪 . 我国近现代学位服的历史渊源 [J]. 艺术百家，2011(7).

[28] 刘晖，侯春山 . 中国研究生教育和学位制度 [M]. 北京：教育科学出版社，1988.

[29] 刘乐乐 . 从 "深衣" 到 "深衣制" —— 礼仪观的革变 [J]. 文化遗产，2014(5).

[30] 刘梦醒，张竞琼 . 民国服制法令中男子礼服的演变 [J]. 武汉纺织大学学报，2017, 30(5).

［31］刘玉琪，陈晨．1907年晚清学堂服制考[J]. 丝绸，2019, 56(6).
［32］刘贤．两所大学与两个时代——天主教震旦大学与辅仁大学比较(1903—1937)[J]. 世界宗教研究，2009(4).
［33］鲁迅．鲁迅讲魏晋风度[M]. 南昌：百花洲文艺出版社，2021.
［34］吕思勉．中国简史[M]. 北京：开明出版社，2018.
［35］马玖成．庆典服饰研究——学位服[J]. 艺术设计研究，1992(1).
［36］马久成，李军．中外学位服研究[M]. 北京：中国人民大学出版社，2003.
［37］马素琴，徐强．中外学位服的比较与开发研究[J]. 国际纺织导报，2005(5).
［38］钱乘旦，许洁明．英国通史[M]. 上海：上海社会科学院出版社，2019.
［39］儒藏（精华编）第四十七卷[M]. 北京：北京大学出版社，2016.
［40］苕．"穿学士礼服的商榷"的商榷[J]. 清华周刊副刊，1931, 36(4/5).
［41］沈从文．中国古代服饰研究[M]. 北京：商务印书馆，2011.
［42］沈从文，王孖．中国服饰史[M]. 西安：陕西师范大学出版社，2004.
［43］宋黎明．利玛窦易服地点和时间考——与计翔翔教授商榷[J]. 北京行政学院学报，2017(6).
［44］宋文红．学术服装的发展及其承载的意义和价值[J]. 比较教育研究，2006, 27(1).
［45］宋致泉．我们现在毕业了[J]. 实报半月刊，1937, 2(18).
［46］孙邦华．试析北京辅仁大学的办学特色及其历史启示[J]. 清华大学教育研究，2006(4).
［47］〔法〕涂尔干．教育思想的演进[M]. 李康，译．上海：上海人民出版社，2003.
［48］（清）王夫之．船山遗书（第6卷）[M]. 北京：北京出版社，1999.
［49］王文杰．民国初期大学制度研究（1912—1927）[M]. 上海：复旦大学出版社，2017.

［50］王学哲，王春申．王云五先生全集（十一）[M]. 台北：台湾商务印书馆，2012.

［51］吴剑杰．张之洞散论 [M]. 武汉：湖北人民出版社，2017.

［52］吴立保．中国近代大学本土化研究——基于大学校长的视角 [D]. 上海：华东师范大学，2009.

［53］希贤．穿学士礼服的商榷 [J]. 清华周刊副刊，1931, 36(2).

［54］徐强．影响中国学位服设计的因素分析 [J]. 纺织科技进展，2009(3).

［55］学部奏定学生冠服程式 [N]. 时报，1907-10-15(2).

［56］学生制服规程 [J]. 湖南教育行政汇刊，1929(1).

［57］阎光才．文化乡愁与工具理性：学术活动制度化的轨迹 [J]. 北京大学教育评论，2008,6(2).

［58］（清）叶梦珠．阅世编 [M]. 上海：上海古籍出版社，1981.

［59］袁仄，胡月．百年衣裳：20 世纪中国服装流变 [M]. 北京：生活·读书·新知三联书店，2010.

［60］〔美〕约瑟夫·A. 马克斯威尔．质的研究设计：一种互动的取向 [M]. 朱光明，译．重庆：重庆大学出版社，2007.

［61］张超．学位服：舶来品刮起“中国风” [M]// 孟春明，郝中实，肖雯慧．万物搜索（下）．北京：北京日报出版社，2016.

［62］（清）张廷玉，等．明史 [M]. 北京：中华书局，1974.

［63］周常明．牛津大学史 [M]. 上海：上海交通大学出版社，2012.

［64］周洪宇．学位与研究生教育史 [M]. 北京：高等教育出版社，2004.

［65］周锡保．中国古代服饰史 [M]. 北京：中央编译出版社，2011.

［66］（明）祝允明．祝允明集（下）[M]. 上海：上海古籍出版社，2016.

［67］邹小站．儒学的危机与民初孔教运动的起落 [J]. 中国文化研究，2018(4).

（二）外文文献

［1］ R. Armagost. University Uniforms: The Standardization of Academic

Dress in the United States[J] Transactions of the Burgon Society, 2009(9).

[2] N. Cox. Academical Dress in New Zealand[J]. Transactions of the Burgon Society, 2001, 1(1).

[3] N. Cox. Tudor Sumptuary Laws and Academical Dress: An Act Against Wearing of Costly Apparel 1509 and an Act for Reformation of Excess in Apparel 1533[J]. Transactions of the Burgon Society, 2006(6).

[4] P. J. DiMaggio, W. W. Powell. The Iron Cage Revisited: Institutional Isomorphism and Collective Rationality in Organizational Fields[J]. American Sociological Review, 1983, 48(2).

[5] G. R. Evans. The University of Oxford: A New History[M]. London: I.B.Tauris, 2013.

[6] W. Gibson. The Regulation of Undergraduate Academic Dress at Oxford and Cambridge, 1660–1832[J]. Transactions of the Burgon Society, 2004(4).

[7] P. Goff. A Dress Without a Home: The Unadopted Academic Dress of the Royal Institute of British Architects,1923–1924[J]. Transactions of the Burgon Society, 2010(10).

[8] P. Goff. University of London Academic Dress[M]. London: The University of London Press, 1999.

[9] N. Groves. The Academic Robes of Graduates of the University of Cambridge from the End of the Eighteenth Century to the Present Day[J]. Transactions of the Burgon Society, 2013(13).

[10] W. N. Hargreaves-Mawdsley. A History of Legal Dress in Europe Until the End of the Eighteenth Century[M]. Oxford: Clarendon Press, 1963.

[11] A. Kerr. Layer upon Layer: The Evolution of Cassock, Gown, Habit and Hood as Academic Dress[J]. Transactions of the Burgon Society, 2005(5).

[12] D. Knows. A History of Academical Dress in Europe by W. N. Hargreaves-Mawdsley[J]. British Journal of Educational Studies, 1963, 12(1).

[13] W. A. P. Martin.Education in China[M]//Hanlin Papers, or Essays on the Intellectual Life of the Chinese. London: Trübner & Co., 1880.

[14] A. J. P. North. The Development of the Academic Dress of the University of Oxford 1920–2012[J]. Transactions of the Burgon Society, 2013(13).

[15] M. C. Salisbury. 'By our Gowns Were We Known': The Development of Academic Dress at the University of Toronto[J]. Transactions of the Burgon Society, 2007(7).

[16] University of Cambridge. Academical Dress[EB/OL]. [2020-08-30]. https://www.cambridgestudents.cam.ac.uk/your-course/graduation-and-what-next/degree-ceremonies/academical-dress.

[17] University of Oxford. Academic Dress: Hoods[EB/OL]. [2020-08-30]. https://www.ox.ac.uk/news-and-events/The-University-Year/Encaenia/academic-dress.

[18] University of Oxford. Academic Dress: Subfusc[EB/OL]. [2020-08-30]. https://www.ox.ac.uk/news-and-events/The-University-Year/Encaenia/academic-dress.

[19] University of Oxford. Organisation: History[EB/OL]. [2023-05-08]. https://www.ox.ac.uk/about/organisation/history.

[20] R. E. Venables, D. R. Clifford. Academic Dress of the University of Oxford[M]. Oxford: Oxford University Press, 1972: 2.

致 谢

我一直觉得“致谢”是一本专著中极为神圣的环节，就像我们接受和对待杜祖贻先生“交接”给我们的学位服研究任务那样神圣，用当下比较流行的话来说，“常怀敬畏之心，方能初心如一”。由于我对这项研究的来龙去脉最为了解，且对于本书成型的各个细节都是“资深”的现场经历者，故由我代表团队撰写拙著的“致谢”。

首先，感谢杜先生的“灯塔照耀”，他于 1999 年 11 月撰写的建议书《中国的大学礼服的设计须以国服为本》给我们的研究指引了前进的道路。杜先生于 2017 年在北京大学呼吁青年学者接力学位服研究，给予我们团队充分的信任和各方面支持。说实话，尽管燕园是培养理想主义者的圣地，但如果不是遇到杜先生，我们很难在学生时代就能站到中华民族文化与民族自尊这个高度去思考和研究学位服。面对日益内卷化的学术市场，我们常常“狭隘”地认为，只有专注于个人的研究领域，才可能在毕业时拿出满意的学术成果去竞争高水平大学的优质教职岗。可正是杜先生的呼吁，打动了现场的我，以及后续加入团队的同伴们。我们的作者团队中，娄雨博士、谭越博士、郭二榕博士和邓微达博士都是我在北大念书时期结识的同窗或者院友。对于我们而言，在学业、工作本已较为饱和的情况下开展学位服的相关研究，也算是“负重前行”吧。杜先生对我们的支持是全方位的，从最初提出研究想法，到坚定资助计划，文稿的多轮修改，引荐华人前辈加入“指导老师”的行列，推荐数位写序专家，撰写评论等。我们邀请他作为荣誉主编一点都不为过，但他再三婉拒，而只是勉强答应做本书的顾问。他引荐的前辈就是密歇根大学的华裔物理学家姚若鹏教授和密歇根州立大学的陈瑞华教授。姚教授与我的邮件交往是较为频繁的，他会与我们分享学位服研究背后的意义。陈教授可谓“上知天文，下知地理”，他为我们的文稿，特别是谭越写作的部分提供了关键性的素材。在我们写作的过程中，杜先生对我们的一些观点持有不同的意见，“交锋”过数次，他还邀请姚教授、陈教授向我们进一步讲解，甚至辩论，这也算是老一辈学者带着新一辈的学者“从游”吧。

其次，感谢北京大学教育学院院长阎凤桥教授向出版社推荐，以及他与陈洪捷教授、刘海峰教授接受写序的邀请。2021 年在入校管理较为严格之际，阎老师仍然帮我和娄雨师姐办理入校手续，并且专门拿出时间在熟悉的会议室听我们报告这项专著计划。他对我们后辈能够接受杜先生之重托开展学位服研究表示很欣慰。我的恩师南京大学教授龚放先生对阎老师的评价极高，称赞其为“谦谦君子”。每次去阎老师那里请教问题的时候，我都能瞥见挂在墙上的蔡元培先生的题字，都会有所领悟。阎老师对待学生或院友的需求和困难，从来都是第一时间倾力解决。包括后来我们邀请阎老师帮拙著写序，他也是爽快地答应了。说到专著写序，杜先生建议我们邀请数位学术界的资深专家。除了阎老师，还有北京大学博雅教授、书法家陈洪捷老师和作为“为科举制平反第一人”的浙江大学文科资深教授刘海峰老师。陈洪捷老师看了我们的初稿，作为《北京大学教育评论》主编，“忍不住”给我们提了一些修改建议（如目录各章节题目风格统一，导论增加西方大学史内容等），我们也“忍不住”地接受建议并进行修改。刘海峰老师也对后辈关爱有加，亦对文稿提了一些建议，并提供了一些研究素材。从邀请写序的过程，以及与三位教授的交往，我们充分感受到前辈对后辈的“宽容但不宽松”“宠爱但不溺爱”且“恰到好处”的能量支持。

第三，感谢很多师友提供文稿修改建议和帮忙搜集珍贵的研究资料。除了上文提及的杜先生、姚教授、陈教授和三位写序的专家外，加拿大韦仕敦大学教授、北美比较与国际教育学会（Comparative & International Education Society）首任华人会长李军，北京大学“多元·本土·创新”教育学术沙龙的贺随波老师、张海生老师、肖纲领老师，浙江师范大学林凌博士等对本书部分文稿也提出过一些修改建议。北京大学吴红斌副研究员常常给我们提供研究素材，牛津大学梁曦博士生多次专程在校图书馆帮助我们搜集珍贵一手资料，香港中文大学助理教授戴坤博士、麦吉尔大学荆晓丽博士生、香港大学朱彦臻博士生提供了重要文献，在此一并感谢。

第四，感谢对拙著给予支持的多个资助方。感谢华中科技大学铸牢中华民族共同体意识研究基地的资助，感谢华中科技大学教育科学研究院的资助，感谢陈廷柱院长以及其他相关领导对青年教师一如既往的大力支持。

第五，对于《高教发展与评估》杂志也应表示感谢。当初，我向龚放先生报告，我们有一组稿件，希望在核心期刊上发表。

恩师直言，研究议题较为“冷门”，期刊一般不愿意花费篇幅发表，但他对本研究的价值较为认可，故建议我主动与《高教发展与评估》杂志主编金诚老师沟通设立学位服研究专题的可行性，最后期刊同意设立专题。感谢金老师对我们的信任！外审专家和编辑荣翠红老师对组稿提了一系列修改建议，直接有利于本书质量的提升。

第六，我的学生黄洁和余美瑶在拙著修改的过程中，做了很多基础性工作，感谢她们的辛苦付出！也感谢一分钟工作室陈婉柔女士为本书第三章提供部分手绘图片。

需要感谢的人实在太多，恕不能一一列出，但我们的诚意与谢意天地可鉴。不管怎样，我们也可以顺便感谢一下自己。书稿成形过程中，尽管遇到很多意想不到的困难，但我们从未曾想过放弃我们与杜先生在燕园的约定。

王小青
2022 年 9 月 30 日晨于华科韧律斋

评论一 文化自信、民族自尊

陈瑞华[①]

自西方入侵，鸦片战争开始，国人哀痛失措，幸有不少精英确认当时国家由盛而衰，因而奋发图强，重建家国，以至今日，岸然屹立。当年亦有许多人对自己的文化失去信心，对外盲目仰慕崇拜，主张全盘西化，要推翻中华五千年的文明，包括伦理道德、文学文艺、社教制度、学术思维以至礼仪服饰在内，都受到严厉的批评。这种鄙弃本国文化尊严的错误，至今余患未止。

中华民族要全面复兴，首要是教育，一定要重视国学（文以载道）和中外历史（识古知今），使小学、中学、大学的学生，能认识博大精深的中国文化而将之发扬光大；要认真响应当今对恢复中华民族优良传统的提倡，同心协力，众志成城，重建民族自尊和自信。

王小青、娄雨、谭越、邓微达、郭二榕等五位博士为主合作

---

① 陈瑞华，密歇根州立大学数理计算学教授，曾游学海德堡大学、杜平根大学、日内瓦大学等，专修数理及欧西思想，对中国古代文化及古文字颇有研究。

的大学学位服的报告，检讨过去百数十年来的得失，提出初步建议和进一步研究的途径，是一册很有意义和十分适时的参考书，本人向读者们推荐。

评论二
高等学府、文教楷模

姚若鹏[1]

世上最早的选贤任能的制度始于中国，正式的学位制度也在隋唐时代奠立，沿用约一千三百年。到了清朝末叶，人祸天灾，国势衰颓，西方列强与恶邻日本乘机集体进行军事政治外交经济侵略，要瓜分中国，直至民穷财尽，国人对国家的信心尽失，于是废科举，弃国故，以为师夷可以制夷。到了民国初年，一些改革志士更力倡全盘西化，认为这是救国救民的唯一途径。现时流行的国际化、地球村、圣诞节、普世价值，以至国内大学普遍模仿西方宗教传统的欧美学位服等现象，都是一厢情愿地追求西化的延续。

我少时就读于香港由西方教会所办的中文学校，亲身体会到这些学校以传播西方信仰、贬抑中华文化为办学目的。西方宗教一神独大，自称拥有世上的绝对真理。西方的社会政治和文教礼仪服饰都具有浓厚的宗教的观念和本色。欧美名牌大学，包括我研究进修的哈佛大学在内，建校时首先开办的是神学院。此时国

① 姚若鹏，密歇根大学物理学教授，先后在加州大学伯克利校区、哈佛大学及普林斯顿大学专研理论物理。

内堂堂学府，应该是弘扬中华文教的先驱，竟然使得学生不伦不类地穿上中古西方僧侣的冠服而洋洋自得。须知礼服是任何国家认同本身文化的表征，高度模仿与本土文化无关的洋教服装而为己用，外国人见了也为之诧异不已。

王小青等青年学者所作的学位服历史报告，系统地详细地为读者提供关于这个不寻常现象来龙去脉的史料，很值得文化教育界人士阅读和思考。

评论三
自主创新、衣冠上国

杜祖贻[①]

西伯幽而演易，周旦显而制礼。周易：黄帝尧舜垂衣裳而天下治。周礼：定国之官、军、田、税、礼、衣冠、器用诸制。左传：中国有礼仪之大，故称“夏”；有服章之美，谓之“华”。数千年来，国人一直以礼仪之邦、衣冠上国而自豪。世界四个古代文明的仅存者，全凭中华文化传承不断而自强不息。可是，当前中华文化正面临一个若隐若现的危机，美其名为现代化国际化，其实是自愿“去中国化”。且看作为高校象征的校徽和学位服的情况：有大学把本来是圆形或方形的校徽改成盾形，这是九百年前罗马教皇十字军东征骑士的战盾；更莫名其妙的就是抄袭欧美大学学位袍帽的式样，这原是中古欧洲寺院教士的服装，甚至类似教堂主教的令牌型的长棒也在某些大学毕业礼中昂然高举领队进场，抛四方帽集体叫跳的玩意也做得惟妙惟肖。四千年的衣冠上国岂不是从此告别？

笔者相信不至于此。回顾过去，由丧权辱国而中体西用——

① 杜祖贻，历任香港中文大学教育学院院长、医学院医学教育讲座教授，美国密歇根大学教育学教授、系主任及研究科学家。

而变法图强——而全盘西化——而破旧立新——而洋为中用，这是中华民族逆境求全所经历的崎岖过程。取他山之石以攻玉、察异邦之言以知渐是对的；自弃国本、盲从攀附是不对的，也不会长久的。自主创新的时代不是已经到临么？看科技的发展，如旭日之初升，文化的复兴，若晨光之熹微。王、娄、谭、邓、郭、奚诸君的报告，正是报晓的先声。大学服的体制，将必回归中华礼乐衣冠的本源。

笔者希望有一天在欧美大学毕业礼的教授行列中，见到披戴着真正中国学位冠服的洋人——他们是在中国留学后回到自己国家任职的学者和科学家。